民族地区技能人才培养专业教材

总 主 编　张　健　副总主编　王贵红　程国建

数控车削编程与操作

SHUKONG CHEXIAO BIANCHENG YU CAOZUO

主　编○尹隆灿　刘建新

副主编○罗光明　艾　龙　程　焱　杨　行

参　编○成金土　刘显扬　熊　鹰

重庆大学出版社

图书在版编目（CIP）数据

数控车削编程与操作／尹隆灿，刘建新主编. -- 重
庆：重庆大学出版社，2021.8
ISBN 978-7-5689-2651-5

Ⅰ.①数… Ⅱ.①尹…②刘… Ⅲ.①数控机床—车
床—车削—程序设计—中等专业学校—教材②数控机床—
车床—车削—操作—中等专业学校—教材 Ⅳ.
①TG519.1

中国版本图书馆 CIP 数据核字（2021）第 101505 号

数控车削编程与操作

主 编 尹隆灿 刘建新
副主编 罗光明 艾 龙 程 焱 杨 行
策划编辑：章 可
责任编辑：李定群 版式设计：章 可
责任校对：姜 凤 责任印制：赵 晟

*

重庆大学出版社出版发行
出版人：饶帮华
社址：重庆市沙坪坝区大学城西路 21 号
邮编：401331
电话：（023）88617190 88617185（中小学）
传真：（023）88617186 88617166
网址：http://www.cqup.com.cn
邮箱：fxk@ cqup.com.cn（营销中心）
全国新华书店经销
POD：重庆新生代彩印技术有限公司

*

开本：787mm×1092mm 1/16 印张：10.25 字数：232 千
2021 年 8 月第 1 版 2021 年 8 月第 1 次印刷
ISBN 978-7-5689-2651-5 定价：26.00 元

Preface 前言

本书是根据教育部最新颁布的《中等职业学校数控技术应用专业技能型紧缺人才培养培训指导方案》来编写的,力求以培养学生综合素质为基础,以技能培训为核心,引导学生由简到繁、由易到难、循序渐进地完成一系列"任务",便于学生厘清思路,掌握方法和知识结构,并在完成任务的过程中培养分析问题、解决问题、处理问题的能力。教学内容中,加强了实践性教学环节,力求使学生成为企业生产服务一线迫切需要的高素质劳动者。职业教育以企业需求为基本依据,办成以就业为导向的教育,既增强针对性,又兼顾实用性。课程设置和教学内容适应企业技术发展,突出数控技术应用专业领域的新知识、新技术、新工艺及新方法。教学组织以学生为主体,提供选择和创新的空间,构建开放的课程体系,适应学生个性化发展的需要。

本书以项目引领、任务驱动的形式,介绍了数控车床的操作及数控编程基本方法。作为理实一体化教材,本书将数控车编程与操作中的知识与技能转化为若干具体的训练项目,围绕项目开展教学活动,而每一个项目中又包含一个或多个任务,体现在教中学、学中做,将教、学、做融为一体,并在编写中配以大量图片、典型编程实例,有的还用图例加以说明。本书的编写特点是既简单易学,又注重实践。本书可作为中等职业学校数控技术应用专业的适用教材,也可作为数控车工的行业培训教材。

由于编者水平有限,在编写过程中难免出现疏漏和不当之处,敬请读者批评指正,让我们修订更改,使本书更完善、更合理。

编　者
2020 年 1 月

Contents 目录

项目一　数控车床基本知识

知识一　概　述

　　数控车床是目前使用较广泛的数控机床之一，国内使用量约占数控机床总数的25%。数控机床是集机械、电气、液压、电子及信息等技术为一体的机电一体化产品，具有高精度、高效益、自动化程度高的优点。数控技术的发展是衡量一个国家国民经济发展和机械制造业整体水平不可缺少的重要标志之一。

知识二　数控车床基本组成

　　数控车床由车床本体、控制系统、驱动系统及辅助系统组成，见表1.1。

表1.1　数控车床基本组成

序号	组成部分	作　用	图　例
1	车床本体	用于完成各种切削加工的机械结构，同普通车床	
2	控制系统	是数控车床的核心结构，完成数控车削加工各方面的控制	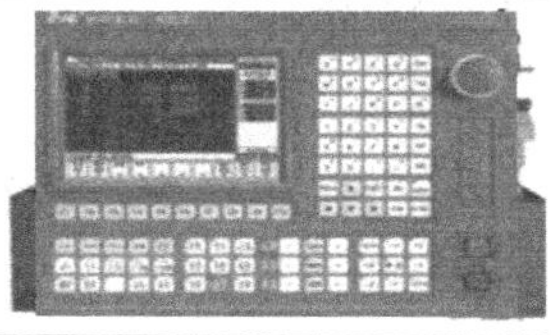

1

续表

序号	组成部分	作　用	图　例
3	驱动系统	借助主轴变频电机和进给伺服电机,完成机构的驱动作用	
4	辅助系统	用液压装置、气动装置、冷却系统及润滑系统等配套机构,完成车床加工时的辅助工作	

【知识拓展】

一、数控车床的工作原理

数控车床简称 CNC 车床,是利用计算机数字控制(Computer Numerical Control)的车床。操作数控车床时,首先要将被加工零件图纸的轮廓形状信息和工艺信息,用规定格式以指令、代码的形式编写成加工程序,然后将加工程序输入数控装置,按程序要求,经过数控系统信息处理、控制其先后顺序,并与指定的主轴转速配合,实现刀具与工件的相对运动,完成零件的加工。

二、数控车床的分类

1.按主轴位置分类

数控车床按主轴位置,可分为立式数控车床和卧式数控车床两种,如图1.1所示。

（a）立式数控车床　　　　　（b）卧式数控车床　　　　　（c）卧式斜床身车床

图1.1　数控车床的分类

2.按数控车床控制系统分类

目前,市面上占有率较高的数控车床有法拉克、华中、广数、西门子、凯恩帝、三菱及大森等。

3.按控制方式分类

数控车床按控制方式,可分为开环控制数控车床、闭环控制数控车床和半闭环控制数控车床。

三、数控车床的加工范围

数控车床与普通车床一样,主要用于轴类、套类和盘类等回转体零件的加工,完成各种内外圆柱面、圆锥面、切槽、圆弧、非圆曲面以及各种螺纹的车削加工,还可进行钻孔、铰孔、扩孔及镗孔等。数控车床特别适用于复杂零件或小批量零件的加工。

【思考与练习】

简答题

1.简述数控车床的工作原理及分类。
2.数控车床由哪些基本结构组成?

项目二 数控车床的基本操作

【相关知识】

知识一 华中数控系统操作面板装置

操作面板装置主要由显示装置、NC 键盘（其功能类似于计算机键盘的按键阵列）、机床控制面板、状态灯及手持单元等组成。如图 2.1 所示为华中数控世纪星 HNC-21T（简称"华中 HNC-21T 数控系统"）的操作面板。

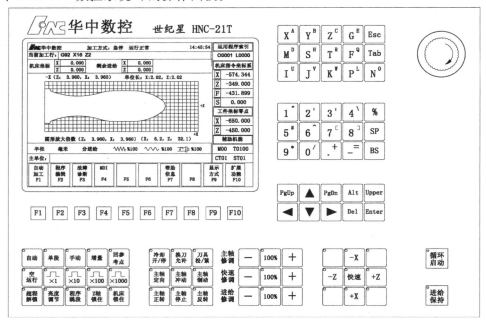

图 2.1 华中数控世纪星 HNC-21T 的操作面板

知识二　控制面板(MCP)及按键功能

机床手动操作主要由机床控制面板(MCP)完成。机床控制面板如图2.2所示。

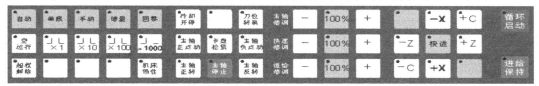

图2.2　机床控制面板

机床控制面板包括按键和状态灯。其中,除"急停"按键位于操作面板的右上角外,其余大部分按键位于操作面板的下部。控制面板用于直接控制机床的动作或加工过程,如启动、暂停零件程序的运行,手动进给坐标轴,以及调整进给速度等。华中HNC-21T数控系统各按键的作用及使用方法见表2.1。

表2.1　华中HNC-21T数控系统各按键的作用及使用方法

按键类型	按键名称	功能说明
方式选择键	自动	按下此键,进入自动运行方式
	单段	按下此键,进入单段运行方式
	手动	按下此键,进入手动连续进给运行方式
	增量	按下此键,进入增量运行方式
	回参考点	按下此键,进入返回机床参考点运行方式
进给轴手动键	+X,+Z,+C, -X,-Z,-C, 快进	用来选择机床欲移动的轴和方向。例如,当按下"+X"键后,机床向X轴正向移动;当按下"快进"键后,指示灯亮,表明快进功能开启,再按一下此键,指示灯灭,表明快进功能关闭
功能键	F1—F10	具有选择程序、程序编辑,参数、设置、保存程序、通信、刀具偏置、程序校验、显示切换、返回等功能,同时还具备一键多功能的作用
主轴旋转键	主轴正转、主轴反转、主轴停止	用来开启和关闭主轴
倍率键	−	按一下,修调倍率递减2%
	100%	按下此键(指示灯亮),修调倍率置为100%
	+	按一下,修调倍率递增2%

续表

按键类型	按键名称	功能说明
循环启动/停止键	循环启动	按下此键,在自动与 MDI 运行下加工程序
	进给保持	按下此键,所有系统和机械动作处于停止状态,打开可解除紧急停止
刀位键	刀位选择	在手动和手轮状态选择刀位
	刀位转换	按下此键,执行指定刀位
超程解除键	超程解除	在报警状态下,同时按下此键和坐标移动键可移动刀架并解除报警
机床锁住键	机床锁住	按下此键,机床 X 轴、Z 轴锁住
冷却开/停键	冷却开/停	按下此键,切削液开启或关闭
程序跳段键	程序跳段	自动加工模式时按此键,跳过程序段开头带"/"的程序
字母键	X—N	用于程序中字母的输入
数字键	1—0	用于程序中数字的输入
BS 键	BS	用于删除光标前面的字符
上档键	Upper	用于输入该数字或字母键右上角的字符
Del 键	Del	按下此键,可删除当前字符
回车键	Enter	按下此键,可确认当前操作
光标移动键	▲▼◀▶	用于光标向上、下、左、右分别移动

知识三　数控车床安全生产和操作

一、安全操作与注意事项

①操作人员工作时,应穿好工作服、安全鞋,戴好工作帽及防护镜,不得穿凉鞋、拖鞋、高跟鞋等,严禁戴手套操作机床。

②不要移动或损坏安装在机床上的警告标牌。

③不要在机床周围放置障碍物,工作空间应足够大。

④某一项工作如需要两人或多人共同完成时,应注意相互间的协调一致。

⑤不允许采用压缩空气清洗机床、电气柜及 NC 单元。

⑥严禁在实训室嬉戏、打闹,做与操作无关的事情。

二、工作前的准备工作

①机床工作开始工作前要预热,认真检查润滑系统工作是否正常。如机床长时间未开动,可先采用手动方式向各部分供油润滑。

②使用的刀具应与机床允许的规格相符。

③严重破损的刀具要及时更换。

④所用工具不要遗忘在机床内。

⑤观察大尺寸轴类零件的中心孔是否合适,以免发生危险。

⑥为了确保安全,刀具安好后应进行一次或二次试切。

⑦认真检查卡盘夹紧的工作状态。

⑧机床开动前,必须关好机床防护门。

三、工作过程中的注意事项

①禁止用手接触刀尖和铁屑。铁屑必须要用铁钩或毛刷来清理。

②禁止用手或其他任何方式接触正在旋转的主轴、工件或其他运动部位。

③禁止在加工过程中测量工件或变速,更不能用棉丝擦拭工件,也不能清扫机床。

④车床运转中,操作者不得离开岗位。发现机床有异常现象时,应立即停车。

⑤在加工过程中,不允许打开机床防护门。

⑥工件伸出车床 100 mm 以外时,须在伸出位置设防护装置。

【项目训练】

任务一　车床手动操作

一、开机

①检查车床状态是否正常。

②检查电源电压是否符合要求,接线是否正确。

③打开外部电源开关,启动机床电源。

④接通数控系统电源。

⑤旋开车床急停按钮。

⑥检查风扇电动机运转是否正常。

⑦检查面板上的指示灯是否正常。

接通数控装置电源后,液晶显示器显示如图 2.3 所示的操作界面。

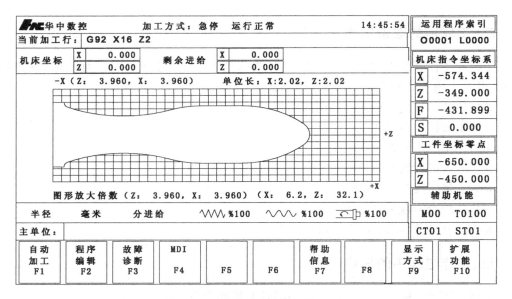

图2.3 液晶显示操作界面

二、回零(返回机床参考点)

①按下控制面板上"回零"键,确保系统处于回零方式。
②按下控制面板"＋X"键,使X轴回零。
③按下控制面板"＋Z"键,使Z轴回零。
若指示灯都亮了,则表明已回零到位。

三、手动进给

先按下"手动"键,再按"－Z"或"－X"键(可同时按"快进"键)进行手动进给。

四、手轮(手摇脉冲发生器)进给

先按下"增量"键,再根据需要,转动手轮"＋""－"进行刀架的移动。

五、主轴正/反转及停止

在手动操作方式下,设定主轴转速。按手动操作键"顺时针转""逆时针转""主轴停止",可控制主轴正转、反转和停止。

六、手动倍率修调

手动倍率修调即主轴修调、进给修调和快速修调。根据需要,用"－""100％""＋"键调整倍率。

七、换刀操作

在手动操作方式下,按"刀位选择"键选定刀位后再按"刀位转换"键;界面显示刀具号后,按"Enter"键确认。

任务二　新建程序与程序编辑

一、新建程序

选择"程序"→"新建程序",键入以"O"开头的文件名,按"Enter"键;再键入以"%"开头的程序名,如"%××××",按"Enter"键进入程序编辑。

二、程序编辑

运用字母键和数字键编辑程序。每写完一段程序,均按一次"Enter"键,即可进入下一段程序的编写。

三、程序的保存

程序录入结束后,按"保存程序"键。

四、删除程序文件

经编辑录入并保存在电子盘中的程序,根据需要"▲""▼"上下光标选择后,先按"Del"键,后按"Enter"键(或字母 Y),即可删除该文件。

五、程序的校验

当编辑的程序在正式加工前需要校验时,可按程序校验,用 F9 显示切换→F1 自动→锁住机床→循环启动。

【知识拓展】

数控车床开机为什么要回零?

开机回零的目的是建立机床坐标系,即通过参考点当前的位置和系统参数中设定的参考点与机床原点的距离值来反推出机床的原点位置。

回零即可校准偏差,防止造成尺寸不稳定,例如:机床有问题或程序出错,机床撞车导致实际位置和理论位置出现不规律的偏差。

【思考与练习】

一、简答题

1. 数控车床在加工过程中应注意哪些事项？
2. 简述新建一个程序的过程。
3. 为什么华中 HNC-21T 数控系统在每次开机后都要回参考点操作？

二、选择题

1. 增量倍率波段开关 ×10 所对应的增量值是(　　　)mm。
　　A. 0.1　　　　　　　　B. 1　　　　　　　　C. 0.001　　　　　　　　D. 0.01
2. 回零操作就是运动部件回到(　　　)。
　　A. 工件坐标的原点　　　B. 机床参考点　　　C. 编程原点

三、判断题

1. 按下"SP"键向前移,并删除前面字符。　　　　　　　　　　　　　(　　)
2. 机床原点是机床上一个固定不变的极限点。　　　　　　　　　　　(　　)

项目三　数控车削常用工具

知识一　数控车床夹具

一、夹具的定义

在数控车床上用于装夹工件的装置,称为车床夹具。车床夹具可分为通用夹具和专用夹具两大类。通用夹具是指能装夹两种或两种以上工件的夹具,如三爪自定心卡盘、四爪单动卡盘和心轴等,如图3.1所示。

(a)三爪自定心卡盘　　　　(b)四爪单动卡盘　　　　(c)心轴

图3.1　车床卡盘和心轴

心轴用来支承转动零件,只承受弯矩而不传递扭矩。有些心轴转动,如铁路车辆的轴等;有些心轴不转动,如支承滑轮的轴等。根据心轴工作时是否转动,可分为转动心轴和固定心轴。

二、夹具的作用

夹具的作用如下：
①保证产品质量。
②提高加工效率。
③解决车床加工中的特殊装夹问题。
④扩大机床的使用范围。

三、花盘

花盘是安装在车床主轴上的一个大圆盘，主要用来加工难加工的工件，如图 3.2 所示。花盘可装夹不规则的特殊零件。

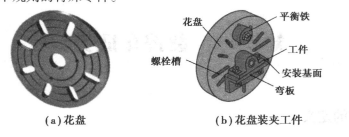

（a）花盘　　　　　　　　　　（b）花盘装夹工件

图 3.2　花盘

四、通用夹具装夹

1. 在三爪自定心卡盘上装夹

三爪自定心卡盘的 3 个卡爪是同步运动的，能定心，一般不需找正，装夹方便、快捷，适用于外形规则的小型零件，如图 3.3 所示。

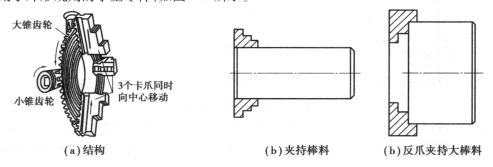

（a）结构　　　　　　　　（b）夹持棒料　　　　　（b）反爪夹持大棒料

图 3.3　三爪自定心卡盘的结构与装夹

2. 在两顶尖之间装夹

在两顶尖之间装夹适用于长度较长、工序多、精度较高的轴类零件，如图 3.4 所示。

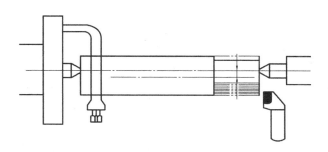

图3.4　在两顶尖之间装夹

3．一顶一夹装夹

一顶一夹装夹适用于质量大、长度较长、精度较高的轴类零件,如图3.5所示。

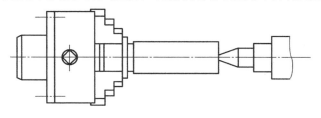

图3.5　一顶一夹装夹

五、专用夹具装夹

专用夹具是为某种零件特定工序专门设计的夹具。

知识二　数控车床刀具

一、数控刀具

数控刀具又称切削工具,是机械制造中用于切削加工的工具。广义的切削工具,既包括刀具,还包括磨具。数控刀具除切削用的刀片外,还包括刀杆和刀柄等附件。

二、数控车刀的类型

1．根据刀具结构分类

数控车刀根据刀具结构,可分为整体式车刀(见图3.6(a))、机夹式车刀(见图3.6(b))和焊接式车刀(见图3.6(c))等。通常数控刀具采用机夹式车刀。另外,还有复合式车刀和减振式车刀等。

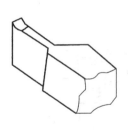

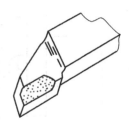

（a）整体式车刀　　　　　（b）机夹式车刀　　　　　（c）焊接式车刀

图 3.6　根据刀具结构分类

2. 根据刀具材料分类

数控车刀根据刀具材料,可分为高速钢刀具(见图3.7(a))、硬质合金刀具(见图3.7
(b))、金刚石刀具及其他材料刀具(如立方氮化硼刀具、陶瓷刀具)等。

（a）高速钢(白锋钢)刀具　　　　　　　　（b）硬质合金刀具

图 3.7　高速钢刀具、硬质合金刀具

3. 根据切削工艺分类

数控车刀根据切削工艺,可分为外圆车刀、内孔车刀、切断(切槽)车刀、螺纹车刀及
成形车刀等,如图3.8所示。

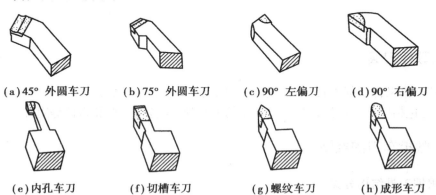

（a）45° 外圆车刀　　（b）75° 外圆车刀　　（c）90° 左偏刀　　（d）90° 右偏刀

（e）内孔车刀　　　（f）切槽车刀　　　（g）螺纹车刀　　　（h）成形车刀

图 3.8　根据切削工艺分类

知识三　数控车床量具

一、游标卡尺

1.游标卡尺的结构

常用的游标卡尺有两用游标卡尺和双面游标卡尺,如图3.9所示。

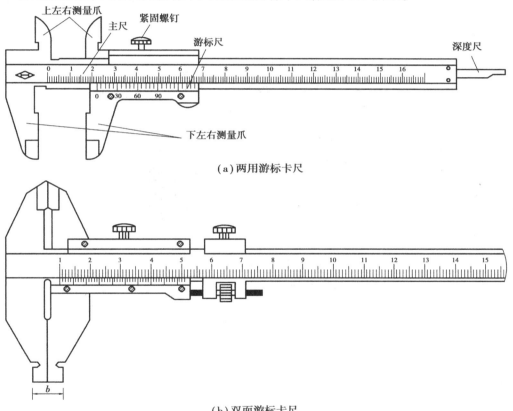

（a）两用游标卡尺

（b）双面游标卡尺

图3.9　游标卡尺

　　游标卡尺是一种测量长度、内外径和深度的量具。游标卡尺由主尺和附在主尺上能滑动的游标两个部分构成。若从背面看,游标是一个整体。主尺一般以毫米（mm）为单位,而游标上有10,20,50个分格。根据分格的不同,游标卡尺可分为十分度游标卡尺、二十分度游标卡尺和五十分度游标卡尺。游标卡尺的主尺和游标上有两副活动量爪,分别是内测量爪和外测量爪。内测量爪通常用来测量内径;外测量爪通常用来测量长度和外径。深度尺与游标尺连在一起,可测槽和筒的深度。

2. 游标卡尺的分类

游标卡尺可分为一般游标卡尺、带表游标卡尺、数显游标卡尺及深度游标卡尺等。

二、千分尺

1. 千分尺的结构

千分尺又称螺旋测微器,是比游标卡尺更精密的测量长度的工具。用它测长度,可精确到 0.01 mm。其测量范围有 0~25,25~50,50~75 mm 等。如图 3.10 所示的测微螺杆,其活动部分加工成螺距为 0.5 mm 的螺杆,当在固定套管的螺套中转动一周时,螺杆将前进或后退 0.5 mm,螺套周边有 50 个分格。微分筒每转一周,微分筒则沿轴线直进(或退)0.5 mm。若微分筒旋转 n 格(包括估读分度),则其前进的距离 $L = 0.01 \times n$ mm,如图 3.11 所示。

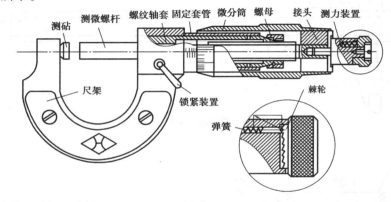

图 3.10　千分尺的结构

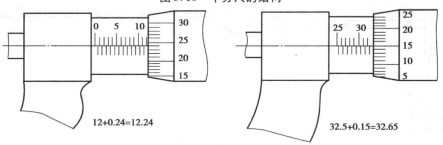

12+0.24=12.24

32.5+0.15=32.65

图 3.11　千分尺的读数

2. 千分尺的读数方法

千分尺的测量读数为

$$测量读数 = 主尺整刻度 + 半刻度 + 可动微分筒刻度 + 估读数$$

三、百分表

百分表是一种指示性的量具。其刻度值有 0.01,0.001,0.002 mm 3 种。它主要用于测量几何精度,测量孔径,以及找正工件在机床上的安装位置。百分表通常由测头、量杆、防振弹簧、齿条、齿轮、游丝、圆表盘及指针等组成。常用的百分表有钟表式(见图 3.12(a))和杠杆式(见图 3.12(b))两种。

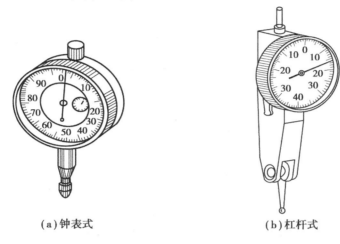

（a）钟表式　　　　　（b）杠杆式

图 3.12　百分表

百分表在使用前,应先将长针对准"0"位置。测量时,钟表式百分表的测杆必须垂直于被测工件的表面。

在测量径向圆跳动时,要将工件置于 V 形架上,轴向设一支承限位,让百分表触头与工件外圆接触,再移动工件,如图 3.13 所示。观察百分表上的最大值和最小值之差,即该测量位置处的径向跳动误差。

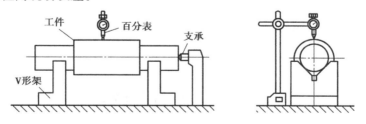

图 3.13　用 V 形架支承测量径向圆跳动

端面圆跳动的测量如图 3.14 所示。把杠杆式百分表的表头靠在零件的圆柱端面上,让工件旋转一圈,百分表显示出的最大值就是测量面上的端面圆跳动误差。因此,按上述方法在同一工件不同直径处测量,都可能产生不同的最大值,说明每一直径处也可能有不同的端面圆跳动误差。

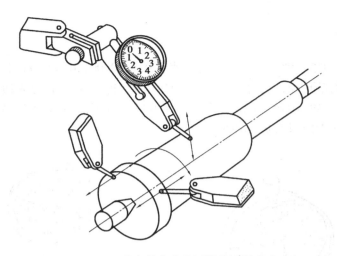

图 3.14 两顶尖装夹支承测量端面圆跳动

【项目训练】

任务一 零件的装夹

零件的装夹步骤如下：
①松开卡盘到合适大小,清理卡爪内切屑及杂物。
②将工件一端放入三爪卡盘内,留适当长度在外。
③用卡盘扳手轻锁工件。
④测量工件伸出长度,保证零件有足够的加工总长。
⑤当确定好长度后,将卡盘扳手锁紧,即可固定工件。

任务二 车刀的安装

如图 3.15 所示,车刀的安装步骤如下：
①整理好车刀和要加的垫片。
②用刀架扳手松开刀架螺钉,清理刀架内切屑及杂物。
③根据要求,将车刀平放在刀架中,调整好左右偏移和伸出长度。
④通过垫片调整刀尖高度,要求刀尖严格对准工件的旋转中心。
⑤放置好车刀后,将刀架扳手锁紧,用至少两颗螺钉压紧车刀。

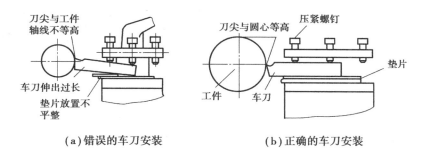

(a)错误的车刀安装　　　　　　(b)正确的车刀安装

图 3.15　车刀的安装

任务三　精度为 0.02 游标卡尺的读数方法

如图 3.16 所示,精度为 0.02 游标卡尺的读数方法如下:

①先看主尺上的 0 与游标上的 0 相距多少,作为整数部分。

②再看游标上哪条刻线与主尺刻线能完全对齐。

③游标上对齐的刻线是第 n 格,与每格值为 0.02 的乘积作为小数点后的读数。

④测量值 = 游标尺 0 对应主尺上的整毫米数 + 主尺刻度线对齐的游标尺的格数 × 精度 0.02。

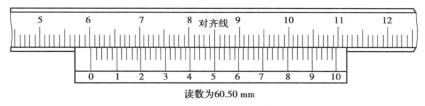

读数为60.50 mm

图 3.16　游标卡尺的读数方法

任务四　试切对刀

对刀前的准备工作是:检查车床,开机回零,安装工件,安装刀具。

其操作步骤如下:

①在主菜单中,进入 MDI 单段方式;手动输入"M03　S500",按"循环启动"键,执行 500 r/min 的转速转动。

②选择"手动"方式,将刀架快速移动并靠近工件毛坯。

③选择"增量"方式,摇动手轮先车削工件右端面。

④车刀在 Z 向不移动、X 向退刀时,回到数控系统。在主菜单中,按"刀偏表"移动光标先选中刀号,再选择试切长度栏,按"Enter"键;在光标闪烁处输入"0"后,再按"Enter"键,完成 Z 向对刀。

⑤选择"增量"方式,摇动手轮车削工件外圆。

⑥沿 +Z 向先退刀,再停止工件转动,测量工件车削直径。

⑦车刀在 X 向不移动时,回到数控系统。在主菜单中,按"刀偏表"移动光标先选中刀号,再选择试切直径栏,按"Enter"键;在光标闪烁处输入测得的直径值后,再按"Enter"键,完成 X 向对刀。

【知识拓展】

端面对轴线的垂直度测量

端面圆跳动与端面对圆柱类零件轴线的垂直度有一定联系,但两者是不同的概念。

在如图 3.17(a)所示的工件中,右端面是一个平整的平面,其右端面圆跳动和垂直度都为 Δ;在如图 3.17(b)所示的工件中,右端面为一凹面,端面圆跳动为零,但垂直度就不为零了。

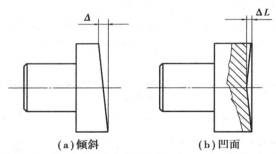

(a)倾斜   (b)凹面

图 3.17 端面圆跳动

测量工件端面的垂直度时,首先要考虑端面圆跳动是否合格,必须在零件的端面圆跳动误差极小或为 0 的基础上,才考虑其垂直度的误差。端面圆跳动的测量如图 3.18 所示。

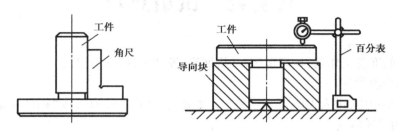

图 3.18 端面圆跳动的测量

【思考与练习】

一、选择题

1. 数控车床的对刀是车刀刀位点与(　　　)的重合操作。
   A. 刀尖点　　　　　　B. 基准点　　　　　　C. 对刀点　　　　　　D. 原点
2. 数控车刀按刀具结构,可分为整体式车刀、机夹式车刀和(　　　)。
   A. 成形车刀　　　　　B. 焊接式车刀　　　　C. 端面车刀　　　　　D. 尖形车刀
3. (　　　)是对刀的方法之一。
   A. 切端面法　　　　　B. 试切对刀法　　　　C. 相交法　　　　　　D. 相切法

二、判断题

1. 安装车刀时,车刀刀尖需高于工件的旋转中心。　　　　　　　　　　(　　　)
2. 使用三爪卡盘夹持直径较大的工件时,可使用反爪装夹。　　　　　　(　　　)
3. 安装数控车刀时,所用的垫片要平整干净,长短要合适。　　　　　　(　　　)

三、简答题

1. 数控车床对刀的过程和目标是什么?
2. 数控车床常见的夹具有哪些?
3. 在安装数控车刀时需要注意哪些问题?

项目四　数控编程基础

【相关知识】

知识一　概　述

一、数控编程的定义

数控编程是指根据被加工零件的图纸以及技术要求、工艺要求,将零件加工的工艺顺序、工序内的工步安排、刀具相对于工件运动的轨迹与方向、工艺参数及辅助动作等告知数控系统。组成数控系统可识别的指令,称为程序。制作程序的过程,称为数控编程。

二、数控编程的分类

数控编程分为手工编程和自动编程两种。

1. 手工编程

手工编程是指编制加工程序的全过程,即图样分析、工艺处理、计算数值、编写程序单、制作控制介质及校验程序等都是由人工完成的。

2. 自动编程

对几何形状复杂的零件,需借助计算机使用规定的数控语言编写零件源程序,经过处理后生成加工程序,称为自动编程。

三、数控编程的步骤

数控编程的过程如图 4.1 所示。

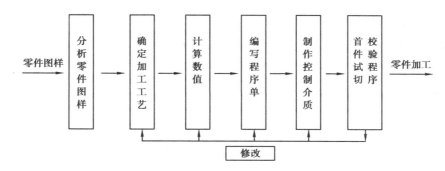

图 4.1　数据编程的过程

一般数控车床程序编制严格按照以下步骤进行:分析零件图样、确定工艺过程、计算数值、编写加工程序、校验程序及首件试切。

知识二　数控车床的坐标系

一、机床坐标系的定义

机床坐标系是机床上固有的用来确定工件坐标系的基本坐标系。它是以机床固定的 O 为坐标原点建立的由 X 轴、Y 轴、Z 轴组成的直角坐标系。数控车床只有 X 轴、Z 轴。

二、机床坐标轴的规定

为简化编程和保证程序的通用性,对机床坐标轴和方向命名制订了统一的标准,规定直线进给坐标轴用 X,Y,Z 表示基本坐标轴。X,Y,Z 坐标轴的相互关系用右手定则笛卡儿坐标系决定,如图 4.2 所示。其中,大拇指的指向为 X 轴的正方向,食指的指向为 Y 轴的正方向,中指的指向为 Z 轴的正方向。

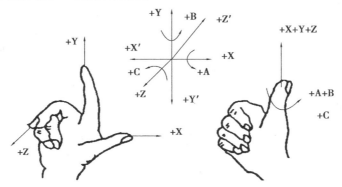

图 4.2　右手定则笛卡儿坐标系

围绕 X,Y,Z 轴旋转的圆周进给坐标轴分别用 A,B,C 表示。根据右手螺旋定则,以大拇指指向 +X,+Y,+Z 方向,则食指、中指等的指向是圆周进给运动的 +A,+B,+C 方向。

三、数控车床的坐标系

机床坐标轴的方向取决于机床的类型和各组成部分的布局。对于车床而言,Z 轴与主轴轴线重合,沿着 Z 轴正方向移动将增大零件和刀具间的距离;X 轴垂直于 Z 轴,对应于转塔刀架的径向移动,沿着 X 轴正方向移动将增大零件和刀具间的距离;Y 轴(通常是虚设的)与 X 轴和 Z 轴一起构成遵循右手定则的坐标系,如图 4.3 所示。

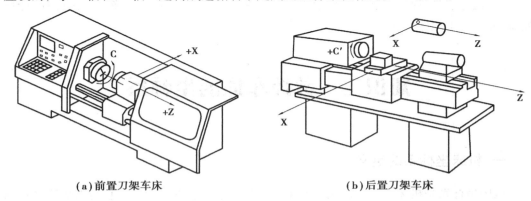

(a)前置刀架车床   (b)后置刀架车床

图 4.3 数控车床的坐标系

知识三 机床原点、机床参考点、工件坐标系原点

一、机床原点

机床原点(即机床零点)是机床上设置的一个固定点,用于确定机床坐标系的原点。它是在机床装配、调试时就已设置好的,一般情况下不允许用户更改。数控车床上的机床原点一般设置在卡盘端面与主轴中心的交点处。

二、机床参考点

大多数数控车床在开机后都要进行回参考点(机床回零)操作。开机回参考点的目的就是建立机床坐标系,并确立机床坐标系的原点。该坐标系一经建立,只要不断电,将永远保持不变(或不被修改)。

数控车床的参考点与机床原点的距离由系统参数设定。当值为零时,则表示这两个坐标原点是重合的;当值不为零时,则机床在开机回参考点后,机床参考点就在机床坐标系中的 X 轴、Z 轴正向的极大值处,如图4.4所示。

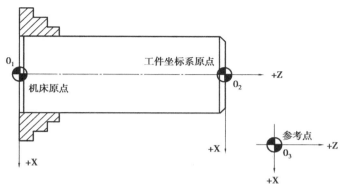

（a）机床原点与参考点不重合

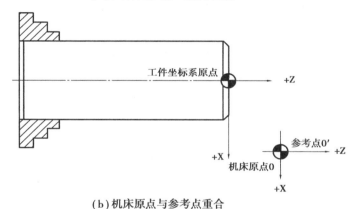

（b）机床原点与参考点重合

图4.4　机床上3个坐标系原点

三、工件坐标系原点

1. 工件坐标系原点的设置

原点的设置要尽量满足编程简单,尺寸换算少,以及引起的加工误差小等要求。一般情况下,程序原点应设置在尺寸标注的基准或定位基准上。对于车床编程而言,工件坐标系原点一般设置在工件轴线与工件的前端面、后端面、卡爪前端面的交点上。大多数编程人员把编辑程序的原点设置在工件右端面的旋转中心上,如图4.5所示。

2. 工件坐标系与对刀点

1）工件坐标系

工件坐标系是编程人员在编程时使用的。编程人员选择工件上的某一已知点为原点（也称编程原点）,建立一个新的坐标系,称为工件坐标系。工件坐标系一旦建立,便一直有效,直到被新的工件坐标系所取代,如图4.6所示。

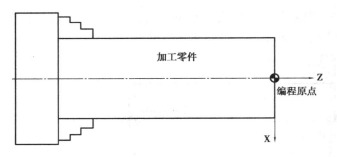

图 4.5 工件坐标系原点

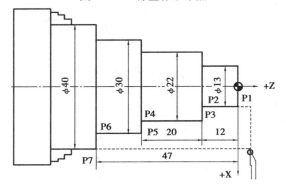

图 4.6 工件坐标系中节点的坐标

2）对刀点

对刀点是零件程序加工的起始点。对刀的目的是确定程序原点在机床坐标系中的位置。对刀点可与程序原点重合，也可在任何便于对刀之处，但该点与程序原点之间必须有确定的坐标联系。

注意：当用直径方式编程时，X 轴方向的坐标值就用直径值来表示；Z 轴方向的坐标值按数学直角坐标系方法编辑。图 4.6 中，P1，P2，P3，P4，P5，P6，P7 的坐标表示如下：

P1(13,0)，在程序编写中为 X13　Z0；

P2(13,−12)，在程序编写中为 X13　Z−12；

P3(22,−12)，在程序编写中为 X22　Z−12；

P4(22,−32)，在程序编写中为 X22　Z−32；

P5(30,−32)，在程序编写中为 X30　Z−32；

P6(30,−47)，在程序编写中为 X30　Z−47；

P7(40,−47)，在程序编写中为 X40　Z−47。

知识四　程序的结构

零件程序是一组被传送到数控装置中的指令和数据组成的文件。它由一定结构、句法和格式规则的若干个程序段组成的。每个程序段由若干个指令字组成。一行程序就是一段程序,也称程序段。

下面用一个较简单的数控车削零件为例,介绍程序的结构组成。加工零件如图 4.7 所示,其程序结构见表 4.1。

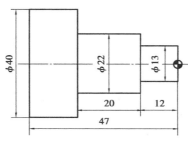

图 4.7 零件加工图

表 4.1 程序结构

程序说明		数控程序
程序名		%0001;
程序内容	程序第 1 段	N1 T0101 M03 S600;
	程序第 2 段	N2 G00 X45 Z3;
	程序第 3 段	N3 G71 U1 R1 P5 Q11 X0.5 F120;
	程序第 4 段	N4 M03 S1000;
	程序第 5 段	N5 G01 X13 Z3;
	程序第 6 段	N6 G01 X13 Z−12;
	程序第 7 段	N7 G01 X22 Z−12;
	程序第 8 段	N8 G01 X22 Z−32;
	程序第 9 段	N9 G01 X40 Z−32;
	程序第 10 段	N10 G01 X40 Z−47;
	程序第 11 段	N11 G01 X45 Z−47;
	程序第 12 段	N12 G00 X100 Z100;
程序结束	程序第 13 段	N13 M30;

由此可知,一个完整的程序由程序名(程序号)、程序内容和程序结束 3 个部分组成。

一、程序名

程序名是程序的开头部分。为了区分电子盘中存储的程序,每个程序都有不同的编号以示区别。因此,在华中 HNC-21T 数控系统程序名的编号前,必须用"%"开头来作为程序编号地址;FANUC(法拉克)和GSK(广州数控)系统均采用字母"O"开头作为程序编号地址。少数其他系统程序名有的采用"P"":"等开头。

二、程序内容

程序内容是整个程序的核心部分。它由许多程序段组成。每个程序段由一个或多个指令字组成,如图4.8和图4.9所示。

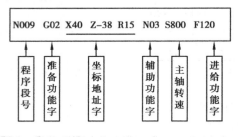

图4.8　程序段格式

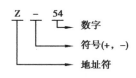

图4.9　指令字格式

三、程序结束

程序结束以M02或M30指令符号来结束整个程序,位于程序的最后一行。指令字符见表4.2。

表4.2　指令字符

功能	地址	意义
零件程序号	%	程序编号:％1—％4294967295
程序段号	N	程序段编号:N0—N4294967295
准备功能	G	指令动作方式(直线、圆弧)G00—G99
尺寸字	X,Y,Z	坐标轴的移动命令 ±99999.999
	A,B,C	
	U,V,W	
	R	圆弧的半径,固定循环的参数
	I,J,K	圆心相对于起点的坐标,固定循环的参数
进给速度	F	进给速度的指令 F0—F24000
主轴功能	S	主轴转速的指令 S0—S9999
刀具功能	T	刀具编号的指令 T0—T99
辅助功能	M	机床开/关控制的指令 M0—M99
补偿号	D	刀具半径补偿号的指令 00—99
暂停	P,X	暂停时间的指令(s)

续表

功能	地址	意　义
程序号的指令	P	子程序号的指令 P1—P4294967295
重复次数	L	子程序的重复次数,固定循环的重复次数
参数	P,Q,R,U,W,I,K,C,A	车削复合循环参数
倒角控制	C,R	倒直角、倒圆角

四、程序的文件名

数控车床在加工零件之前,须将编好的程序写进机床的 CNC 系统装置中。在程序编辑前,首先要键入一个以"O"开头的文件名,在屏幕编辑区以"%"开头建程序名,然后编辑程序并保存于 CNC 系统装置。CNC 装置可装入许多程序文件,以磁盘文件的方式读写。

文件名格式为(有别于 DOS 的其他文件名):O××××(地址 O 后面必须有数字或字母)。本系统通过调用文件名来调用程序,进行加工或编辑。

知识五　华中 HNC-21T 数控系统的编程指令体系

一、辅助功能 M 代码

辅助功能由地址字 M 和其后的一位或两位数字组成。它主要用于控制零件程序的走向,以及机床各种辅助功能的开关动作。

M 功能有非模态 M 功能和模态 M 功能两种形式。

①非模态 M 功能(当段有效代码):只在书写了该代码的程序段中有效。

②模态 M 功能(续效代码):一组可相互注销的 M 功能,这些功能在被同一组的另一个功能注销前一直有效。

模态 M 功能组中包含一个缺省功能(见表4.3)。系统上电时将被初始化为该功能。另外,M 功能还可分为前作用 M 功能和后作用 M 功能两类。

①前作用 M 功能:在程序段编制的轴运动之前执行。

②后作用 M 功能:在程序段编制的轴运动之后执行。

华中 HNC-21T 数控系统 M 代码及功能见表4.3。

表 4.3　M 代码及功能

代码	模态	功能说明	代码	模态	功能说明
M00	非模态	程序停止	M03	模态	主轴正转启动
M02	非模态	程序结束	M04	模态	主轴反转启动
M30	非模态	程序结束,并返回程序起点	M05	模态	▶主轴停止启动
			M06	非模态	换刀
M98	非模态	调用子程序	M07	模态	切削液打开
M99	非模态	子程序结束	M09	模态	▶切削液停止

注:▶标记的为缺省值。

1. CNC 内定的辅助功能

1)程序暂停 M00

当 CNC 执行到 M00 指令时,将暂停执行当前程序,以方便操作者进行刀具的更换、工件的尺寸测量、工件调头、手动变速等操作。暂停时,机床的进给停止,而全部现存的模态信息保持不变。欲继续执行后续程序,再按操作面板上的"循环启动"键。M00 为非模态后作用 M 功能。

2)程序结束 M02

M02 一般放在主程序的最后一个程序段中。当 CNC 执行到 M02 指令时,机床的主轴、进给、冷却液全部停止,加工结束。使用 M02 的程序结束后,若要重新执行该程序,必须重新调用该程序,或在自动加工子菜单下按子菜单 F4 键(请参考华中 HNC-21T 数控系统操作说明书),再按操作面板上的"循环启动"键。M02 为非模态后作用 M 功能。

3)程序结束,并返回到零件程序头 M30

M30 与 M02 功能基本相同,只是 M30 指令还兼有控制返回到零件程序头(%)的作用。使用 M30 的程序结束后,若要重新执行该程序,只需再按操作面板上的"循环启动"键。

4)子程序调用 M98

子程序调用 M98 和从子程序返回 M99 指令的意义:M98 用来调用子程序;M99 表示子程序结束,执行 M99 使控制返回主程序。

(1)子程序的格式

子程序的格式:

%××××;

…

M99;

在子程序开头,必须规定子程序号,以作为调用入口地址。在子程序的结尾用 M99,以控制执行完该子程序后返回主程序。

（2）调用子程序的格式

调用子程序的格式：

M98　P__　L__;

说明：

P:被调用的子程序号。

L:重复调用次数。

如图4.10所示（该例为半径方式编程），编制程序如下：

%0401;	（主程序程序名）
T0101　M03　S800;	（1号刀,主轴以800 r/mm 正转）
N1　G00　X32　Z5;	（设起刀点）
N2　G00　Z0;	（到子程序起点处）
N3　M98　P0003　L6;	（调子程序,循环6次）
N4　G36　G00　X32　Z1;	（直径方式编程,返回对刀点）
N5　M30;	（主程序结束,并复位）

%0003;	（子程序名）
N1　G37　G01　U－12　F100;	（用半径方式编程,进刀至切削起点）
N2　G03　U7.385　W－4.923　R8;	（加工 R8 圆弧段）
N3　U3.215　W－39.877　R60;	（加工 R60 圆弧段）
N4　G02　U1.4　W－28.64　R40;	（加工切 R40 圆弧段）
N5　G01　W－10;	（加工 ϕ24 外圆）
N6　G00　U4;	（离开已加工表面）
N7　W83.44;	（回到循环起点）
N8　G01　U－4.8　F100;	（调整每次循环的切削量）
N9　M99;	（子程序结束,并回到主程序）

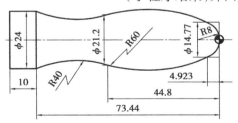

图4.10　半径方式编程实例

2. PLC 设定的辅助功能

①主轴控制指令 M03,M04,M05 分别表示主轴正转、反转、停转,且可相互注销。M05 主轴停转为缺省功能。

②冷却液控制指令 M07,M08,M09 分别表示切削液打开、打开、关闭。M09 关闭切削液为缺省功能。

二、主轴功能 S、进给速度 F 和刀具功能 T

1. 主轴功能 S

控制主轴转速数值为转动速度,其单位为 r/min。

恒线速功能时,S 为切削线速度(转动速度),其单位为 m/min。G96 恒线速度有效,G97 取消恒线速度。主轴功能 S 是模态指令,只有在主轴速度可调节时有效,且主轴转速可借助机床控制面板上的主轴倍率开关进行修调。

2. 进给速度 F

进给速度 F 表示工件被加工时刀具相对于工件的合成进给速度,F 的单位取决于 G94(每分钟进给量 mm/min)或 G95(主轴每转刀具的进给量 mm/r),使用下式可实现每转进给量与每分钟进给量的转化,即

$$f_\mathrm{m} = f_\mathrm{r} S$$

式中　f_m——每分钟的进给量,mm/min;

　　　f_r——每转的进给量,mm/r。

当工作在 G01,G02,G03 方式下,编程的 F 一直有效,直到被新的 F 值所取代;当工作在 G00 方式下,快速定位的速度是各轴的最高速度,与所编 F 无关。

借助机床控制面板上的倍率按键,F 可在一定范围内进行倍率修调。当执行螺纹循环 G76,G82,螺纹切削 G32 时,倍率开关失效,进给倍率固定在 100%。

3. 刀具功能 T

T 代码用于选刀,其后的 4 位数字分别表示选择的刀具号和刀具补偿号。

例如,T0202,前面的 02 表示刀具号,后面的 02 表示刀具补偿号。

三、准备功能 G 代码

准备功能由地址字 G 和其后的一位或两位数字组成。它用来规定刀具和工件的相对运动轨迹、机床坐标系、坐标平面、刀具补偿、坐标偏置等。

准备功能根据功能的不同分成若干组。其中,00 组的 G 功能称为非模态;其余组的称为模态 G 功能。

1. 非模态 G 功能

只在所规定的程序段中有效,程序段结束时被注销。

2. 模态 G 功能(续效指令)

一组可相互注销的 G 功能,这些功能一旦被执行,则一直有效,直到被同一组的 G 功能注销为止。

准备功能 G 代码见表 4.4。

表4.4　准备功能 G 代码

代码	组号	意　义	代码	组号	意　义
G00	01	快速定位	G65	00	宏指令简单调用
G01		直线插补	G66	12	宏指令模态调用
G02		圆弧插补（顺时针）	G67		宏指令模态调用取消
G03		圆弧插补（逆时针）			
G04	00	暂停延时	G90	13	绝对值编程
			G91		增量值编程
G20	08	英制输入（in）	G92	00	坐标系设定
G21		公制输入（mm）			
G27	00	查参考点测检	G94	14	每分进给
G28		返回参考点	G95		每转进给
G29		由参考点返回			
G32	01	螺纹切削	G80	06	内外径车削单—固定循环
G36	17	直径方式编程	G81		端面车削单—固定循环
G37		半径方式编程	G82		螺纹车削单—固定循环
G40	09	刀具半径补偿取消	G71		内外径车削复合固定循环
G41	00	刀具半径左补偿	G72		端面车削复合固定循环
G42	11	刀具半径右补偿	G73		封闭轮廓车削复合固定循环
G52		局部坐标系设定	G75		外径复合固定切槽循环
G54		零点偏置	G76		螺纹车削复合固定循环
⋮			G96	16	恒线速有效
G59			G97		取消恒线速

注:1.00 组中的 G 代码是非模态的,其他组的 G 代码是模态的。

　　2.标记下画线的是缺省值。

3.常用功能指令的属性

1）指令分组

所谓指令分组,是将系统中不能同时执行的指令分为一组,并以编号区别。例如,G00,G01,G02,G03 编号为 01 组,G54—G59 编号为 11 组等。

对不同组的指令,可放在同一行中进行组合,同时执行不同的功能。

例如:

　　G40　G21　G54;　　　　　　　　　（正确的程序段,3 个指令是不同组的指令）

同组指令具有相互取代作用,不能放在同一行中进行组合。如果放在同一行中,程序也只执行最后编辑的指令动作了。

又如:

G01 G02 X30 Z30 R30;   (是错误的程序段,2 个指令是同组指令)

2)开机默认指令

为避免编程人员在编程时遗漏指令,数控系统中对每一组指令都选取其中的一个最常用的指令作为开机默认指令(也称缺省值)。这些指令在开机或系统复位时都自动生效。

常见的开机默认指令有 G01,G21,G36,G40,G90,G94 等。当程序中没有 G96 或 G97指令时,用程序 M03 S500 就会执行,设置主轴的正转速度为 500 r/min。

4.坐标功能指令规则

1)尺寸输入指令 G20,G21

机械加工图纸和工程图纸的尺寸标注有公制和英制两种形式。我国加工制造行业大多采用的是公制尺寸,即以毫米为单位的尺寸居多。数控系统在开机后 G21 状态,也可利用 G 代码将有公制和英制的尺寸进行相互转换。

两种形式的尺寸单位见表 4.5。

表 4.5　尺寸输入形式

指　　令	形式	单位
G20(英制输入制式)	英寸	in
G21(公制输入制式)	毫米	mm

公制和英制单位换算为

$$1 \text{ mm} \approx 0.039 \text{ in}$$

$$1 \text{ in} = 25.4 \text{ mm}$$

G20 G01 X30;   (表示刀具移动至车削零件上直径 30 in 处)

G21 G01 X35;   (表示刀具移动至车削零件上直径 35 mm 处)

2)绝对值编程 G90 与相对值编程 G91

在数控编程时,有绝对值编程和相对值编程两种方式。为了编程时方便计算坐标点,有时会用两者的混合编程。

注意:G90 和 G91 不带参数。

格式:

G90;

G91;

(1)绝对值编程

所有坐标点的坐标值都是以工件坐标系原点计算的,称为绝对坐标。它用 G90 指令。例如:

G90 G01 X50 Z3 F120;

（2）相对值编程

坐标系中，坐标值是刀具从起点至下一点的实际位移量，称为增量（相对）坐标。它用 U,W 分别替代 X,Z,或 G91 指令后仍然用 X,Z。

如图 4.11 所示，使用 G90,G91,以及混合编程（见表 4.6），车刀运动轨迹经过 1,2,3,4 点，然后返回 1 点。

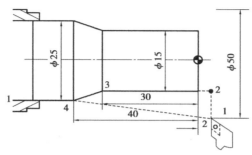

图 4.11 车削加工路线

表 4.6 绝对编程、相对编程和混合编程

绝对编程 G90			相对编程 G91			混合编程		
%0002；			%0002；			%0002；		
N1 T0101 M03 S500；			N1 T0101 M03 S500；			N1 T0101 M03 S500；		
N2 G90 G00 X50 Z2 F120；			N2 G00 X50 Z2 F120；			N2 G00 X50 Z2 F120；		
N3 G01 X15 Z2；			N3 G91 G01 X−35 Z0；			N3 G01 X15 Z2；		
N4 G01 X15 Z−30；			N4 G01 X0 Z−32；			N4 G01 X15 W−32；		
N5 G01 X25 Z−40；			N5 G01 X10 Z−10；			N5 G01 U10 W−10；		
N6 G01 X50 Z2；			N6 G01 X25 Z42；			N6 G01 X50 W42；		
N7 M30；			N7 M30；			N7 M30；		

3）直径方式编程指令 G36 和半径方式编程指令 G37

格式：

G36；

G37；

说明：

该组指令用于选择编程方式。G36 和 G37 不带参数。

数控车床加工的零件通常是旋转体，其 X 轴可用两种方式加以指定，即直径方式和半径方式。G36 为默认值，数控车床出厂时一般设为直径方式编程。

如图 4.12 所示，分别用直径方式编程、半径方式编程和混合方式编程。其编制程序见表 4.7。

4)进给速度单位的设定指令 G94,G95

格式：

G94；

G95；

说明：

G94,G95 用于指定进给速度 F 的单位,同样不带参数。

G94:每分钟进给。对线性轴,F 的单位按 G20/G21 的设定为 mm/min 或 in/min;对旋转轴,F 的单位为(°)/min。

G95:每转的进给量,即主轴转一周时刀具的进给量。对线性轴,F 的单位按 G20/G21 的设定为 mm/r 或 in/r;对旋转轴,F 的单位为(°)/min。这个功能只在主轴装有编码器时才能使用。

G94,G95:模态功能,可相互注销;G94 为默认值。

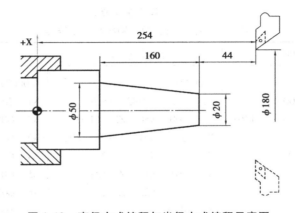

图 4.12　直径方式编程与半径方式编程示意图

表 4.7　直径方式编程、半径方式编程和混合方式编程

直径方式编程	半径方式编程	混合方式编程
％0003； T0101　M03　S600； N1　G00　X180　Z254； N2　G36　G01　X20　W－44 　　F80； N3　U30　Z50； N4　G00　X180　Z254； N5　M30；	％0003； T0101　M03　S600； N1　G37　G00　X90　Z254； N2　G01　X10　W－44 　　F80； N3　U15　Z50； N4　G00　X90　Z254； N5　M30；	％0003； T0101　M03　S600； N1　G37　G00　X90　Z254； N2　G01　X10　W－44 　　F80； N3　G36　U30　Z50； N4　G00　X180　Z254； N5　M30；

知识六　数控系统常用功能指令 G00,G01

一、快速定位指令 G00

格式:

G00　X(U)__　Z(W)__;

说明:

X,Z:绝对编程时,快速定位终点在工件坐标系中的坐标。

U,W:增量编程时,快速定位终点相对于起点的位移量。

G00 指令刀具相对于工件以各轴预先设定的速度,从当前位置快速移动到程序段指令的定位目标点,移动速度由机床参数决定,不能因 F 而改变。

G00 一般用于加工前快速定位或加工后快速退刀。快移速度可由面板上快速修调按钮修正。G00 为模态功能,可由 G01,G02,G03 或 G32 功能注销。

注意:在执行 G00 指令时,由于各轴以各自速度移动,不能保证各轴同时到达终点。因此,联动直线轴的合成轨迹不一定是直线。操作者必须格外小心,以免刀具与工件发生碰撞。常见的做法是将 X 轴移动到安全位置,再放心地执行 G00 指令。

快速定位 G00 程序如下(见图 4.13):

G00　X52　Z5;

或

G00　X48　Z5;

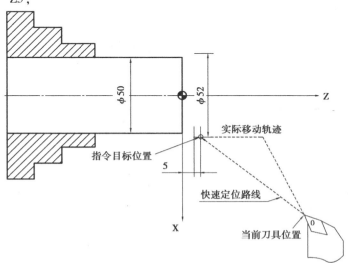

图 4.13　G00 指令移动示意图

二、直线插补指令 G01

格式:

G01　X(U)__　Z(W)__　F__;

说明:

X,Z:绝对编程时,终点在工件坐标系中的坐标。

U,W:增量编程时,终点相对于起点的位移量。

F:合成进给速度。

G01 指令刀具以联动的方式,按 F 规定的合成进给速度,从当前位置按线性路线(联动直线轴的合成轨迹为直线)移动到程序段指令的终点。

G01 是模态代码,可由 G00,G02,G03 或 G32 功能注销。

如图 4.14 所示,用直线插补指令编程。

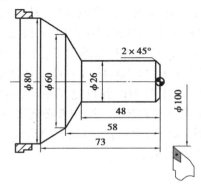

图 4.14　G01 编程实例

编制程序如下:

%0402;

T0101　M03　S600;	(1 号刀,正传,转速 600r/min)
G00　X81　Z5;	(定义起刀点)
G00　X18　Z2;	(移到倒角延长线,Z 轴 2mm 处)
G01　X26　W-4　F100;	(倒角 2×45°)
G01　Z-48;	(加工 φ26 外圆)
G01　X60　Z-58;	(切第一段锥)
G01　X80　Z-73;	(切第二段锥)
G00　X90;	(退刀)
G00　X100　Z10;	(回换刀点)
M05;	(主轴停转)
M30;	(主程序结束,并复位)

如图 4.15 所示,用 G01 车削 φ30 外圆。

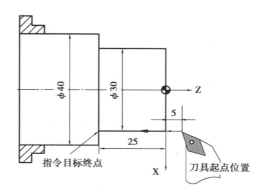

图 4.15　G01 直线插补示意图

编制程序如下：

G01　X30　Z－25　F80；

或

G01　U0　W－30　F80；

或

G01　X30　W－30　F80；

【项目训练】

任务一　程序的输入与校验

一、程序输入

程序输入的具体步骤如下：

①新建文件名：开机回零后，按"新建程序"用字母"O"开头创建文件名，如"O××××"，并按"Enter"键结束。

②新建程序名：用%符号开头，1～4 位数字在后，建好程序名，如%××××，按"Enter"键结束。

③编辑程序：在程序编辑区域开始编辑程序，末尾行用程序结束指令如 M30 结束。

④程序保存：程序录入结束后，按"保存程序"键。

二、程序校验

程序校验用于对选择的程序进行验证，检查程序可能存在的错误。一般新编辑的程序完成后，最好进行一次程序校验，检查有无问题。当确定无任何问题后，方可进行零件加工。

提示:在没有进行对刀操作的前提下,用编辑的程序进行程序校验,即使程序完全正确无误,也有可能在运行程序时出现超程报警。

运行程序校验的操作步骤如下:

①程序功能子菜单下,按 F1"选择程序"键,即可进入系统电子盘。

②选择要验证的加工程序,按"Enter"键,即可调出程序。

③在控制面板中选择"自动"或"单段"模式运行程序。

④按 F5"程序校验"键,再按"锁住机床"键进入校验准备。

⑤按 F9"显示切换"键,选择为零件模型与网格底纹界面。

⑥按"循环启动"键,程序校验启动。

⑦校验完成后,若程序有错报警,先按 F6"停止运行"键,再按 Y 键结束程序运行;解除报警后,找出错误,并纠正错误。若程序正确,在"自动"或"单段"模式下,即可用程序进行加工。

任务二 低位台阶轴的加工

一、任务要求

①用 G00,G01 指令编制台阶轴的加工程序。

②能操作车床完成开机回零,用增量" + "手轮完成 X 向、Z 向的对刀操作。

③用程序校验验证程序有无错误。

④能独立完成如图 4.16 所示的加工任务。

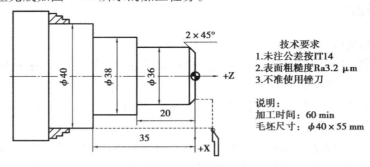

技术要求
1.未注公差按IT14
2.表面粗糙度Ra3.2 μm
3.不准使用锉刀

说明:
加工时间: 60 min
毛坯尺寸: φ40×55 mm

图 4.16 低台阶零件加工图

二、任务分析

该零件有两处外圆 φ38,φ36 的加工。其中,φ40 是毛坯尺寸,不需车削。毛坯长度

55 mm,实际加工总长 35 mm,不需切断零件,毛坯留有 20 mm 长可装夹。

三、加工工艺方案

1. 装夹零件

零件只需单头加工,且不切断,故一次装夹即可完成加工。用三爪卡盘夹持零件,伸出长 >35 mm(应考虑车床 Z 向限位,刀架左侧与卡盘的安全距离)。

2. 工件坐标系

以零件的右端面圆心为工件坐标系原点,通过对刀方式建立工件坐标系。

3. 刀量具准备

刀具清单见表 4.8。

表 4.8　刀具清单

刀具号	刀具名称	加工位置表面	备　注
T0101	93°外圆车刀	端面、外圆	粗车、精车

量具清单见表 4.9。

表 4.9　量具清单

序号	量具名称	规　格	精　度
1	游标卡尺	0~150 mm	0.02 mm
2	外径千分尺	25~50 mm	0.01 mm
3	直尺	150 mm	—

4. 加工工艺

加工工艺卡见表 4.10。

表 4.10　加工工艺卡

实训项目	零件名称	数控系统	材料	毛坯尺寸
项目四	低台阶轴	华中 HNC-21T	45 钢	$\phi 40 \times 55$
装夹定位简图				

续表

程序名称	G 指令	T 刀具	切削用量		
			主轴转速 S /(r·min^{-1})	进给量 F /(mm·min^{-1})	切削深度 a_p /mm
％0416	G00,G01	T0101	600	100	1

5. 编辑程序

加工程序见表4.11。

表 4.11　加工程序

程序段号	程序内容	说　明
	程序号:％0416;	
N01	T0101　M03　S600;	换1号刀,调1号刀补
N02	G00　X41　Z5;	快速定位到工件毛坯之外
N03	G00　X39　Z5;	快速接近工件,准备切削加工
N04	G01　X39　Z-35　F100;	粗车ϕ38外圆,留1 mm余量
N05	G01　X40　Z-35;	X向退刀至ϕ40处
N06	G00　X40　Z5;	Z向快速退刀至5 mm处
N07	G00　X38　Z5;	X向快速进刀至ϕ38
N08	G01　X38　Z-35　F100;	完成ϕ38外圆加工
N09	G01　X39　Z-35;	X向退刀至ϕ39处
N10	G00　X39　Z5;	Z向快速退刀至5 mm处
N11	G00　X37　Z5;	X向快速进刀至ϕ37处
N12	G01　X37　Z-20　F100;	粗车ϕ36外圆,留1 mm余量
N13	G01　X38　Z-20;	X向退刀至ϕ38处
N14	G00　X38　Z5;	Z向快速退刀至5 mm处
N15	G00　X36　Z5;	X向快速进刀至ϕ36处
N16	G01　X36　Z-20　F100;	完成ϕ36外圆加工
N17	G01　X37　Z-20;	X向退刀至ϕ37处
N18	G00　X37　Z0;	Z向快速退刀至右端面处
N19	G01　X32　Z0　F100;	X向进刀至ϕ32倒角加工起点
N20	G01　X36　Z-2;	完成2×45°倒角加工
N21	G01　X41　Z-2;	X向退刀至ϕ41处

续表

程序段号	程序内容	说　　明
N22	G00　X100　Z100;	刀具快速退至换刀点
N23	M05;	主轴停转
N24	M30;	程序结束

6. 实训加工操作步骤

1）准备工作

检查机床,准备好工具、量具、刀具及毛坯。

2）开始

装夹刀具、工件。

3）试切对刀

试切外圆、端面,分别测量后输入刀补。

4）输入程序

在编辑状态下,完成程序输入。

5）程序校验

自动方式下锁住机床,调出窗口进行程序校验。

6）单段运行

开始加工时,用单段方式车削,检查车刀位置是否正确。

7）自动加工

确定车刀轨迹路线正确后,选择"自动",再按"循环启动"键车削零件。

8）工件检验

零件加工完后,用量具测量各处尺寸。如有问题,应分析其问题所在。

【知识拓展】

一、暂停指令 G04

格式:

G04　P__;

说明:

P:暂停时间,单位为 s。

G04 在前一程序段的进给速度降到零之后才开始暂停动作。在执行含 G04 指令的程序段时,先执行暂停功能。

G04 为非模态指令,仅在其被规定的程序段中有效。

G04 可使刀具作短暂停留,以获得圆整而光滑的表面。该指令除用于切槽、钻镗孔外,还可用于拐角轨迹控制。

二、零件加工工艺过程

在生产过程中,直接改变生产对象的尺寸、形状、性能(包括物理性能、化学性能、机械性能等)以及相对位置关系的过程,称为工艺过程。

用机械加工的方法直接改变毛坯形状、尺寸和机械性能等,使之变为合格零件的过程,称为机械加工工艺过程,又称工艺路线或工艺流程。

数控车削加工工艺过程见表 4.12。

表 4.12　数控车削加工工艺过程

任务要求	任务实施
1.读懂零件图	1.分析零件图
2.会分析简单的加工工艺	2.确定工艺方案
3.编制加工工艺卡	3.编制工艺卡
4.编写程序	4.编辑加工程序
5.车削加工零件	5.加工零件
6.任务评价	6.零件尺寸检测

【思考与练习】

一、分析题

请分析如图 4.17 所示的零件图。

要求:

(1)确定右端的加工工艺,并填写工艺卡;

(2)用 G00,G01 指令写出加工该零件的程序。

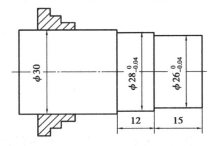

1.材料　45钢
2.加工时间　60 min
3.毛坯　$\phi 30 \times 60$ mm

图 4.17　台阶轴加工图样

二、选择题

1.非模态指令是指(　　　)。

A. 连续有效指令　　　　B. 当段有效指令　　　　C. 换刀功能指令　　　　D. 转速功能指令

2. 在程序最前面必须标明(　　　　)。

A. 程序段号　　　　　　B. 程序段字　　　　　　C. 程序号　　　　　　　D. 程序号字

三、判断题

1. 数控车床的编程有绝对值编程和增量值编程。使用时,不能将两种编程同时放在同一程序段中。　　　　　　　　　　　　　　　　　　　　　　　　　　　(　　)

2. 数控车床进给方式有每分进给和每转进给两种。一般可用 G94,G95 区分。
　　　　　　　　　　　　　　　　　　　　　　　　　　　　　　　　　(　　)

3. 数控车床的刀具功能 T 既指定了刀具数,又指定了刀具号。　　　　　　　(　　)

四、简答题

1. 一个完整的程序由哪些部分组成?

2. G00 与 G01 都是直线移动,它们有什么区别吗?

3. 什么是代码?什么叫模态代码?什么叫开机默认代码?

项目五　轴类零件编程与车削

【相关知识】

知识一　固定循环 G80 的编程

通常切削固定循环是用一个含 G 代码的程序段完成用多个程序段指令的加工操作，使程序得以简化。

一、圆柱面内（外）径固定循环 G80

格式：

G80　X(U)＿＿　Z(W)＿＿　F＿＿；

说明：

X,Z:绝对值编程时,切削终点 C 在工件坐标系下的坐标;增量值编程时,切削终点 C 相对于循环起点 A 的有向距离,图形中用 U,W 表示,其符号由轨迹 1R 和 2F 的方向确定。

该指令执行如图 5.1 所示 A→B→C→D→A 的轨迹动作。

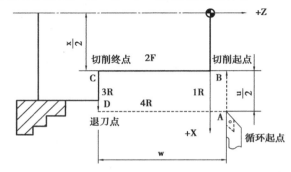

图 5.1　G80 内（外）径固定循环圆柱面加工示意图

二、圆锥面内(外)径固定循环 G80

格式:

G80 X(U)＿ Z(W)＿ I＿ F＿;

说明:

X,Z:绝对值编程时,切削终点 C 在工件坐标系下的坐标;增量值编程时,切削终点 C 相对于循环起点 A 的有向距离,图形中用 U,W 表示。

I:切削起点 B 与切削终点 C 的半径差。其符号为差的符号(无论是绝对值编程,还是增量值编程)。

该指令执行如图 5.2 所示 A→B→C→D→A 的轨迹动作。

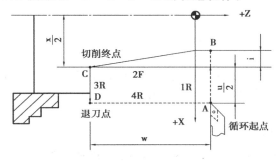

图 5.2 G80 内(外)径固定循环圆锥面加工示意图

如图 5.3 所示,用 G80 指令编程。其中,双点画线部分为工件毛坯。

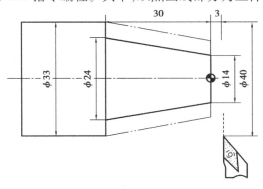

图 5.3 切削循环编程实例

编制程序如下:

%0053;

T0303 M03 S400;   (用 3 号刀,主轴以 400 r/min 正转)

G00 X40 Z3;   (快速移动到工件不远处)

G80 X30 Z－30 I－5.5 F100;   (加工第一次循环,吃刀深 3 mm)

G80 X27 Z－30 I－5.5;   (加工第二次循环,吃刀深 3 mm)

G80 X24 Z－30 I－5.5;   (加工第三次循环,吃刀深 3 mm)

```
G00    X100;
G00    Z100;                        （快速退刀至换刀处及安全距离）
M30;                                （主轴停、主程序结束,并复位）
```

知识二　端面固定循环 G81 的编程

一、端面切削循环 G81 加工圆柱面

格式：

G81　X(U)＿＿　Z(W)＿＿　F＿；

说明：

X,Z:绝对值编程时,切削终点 C 在工件坐标系下的坐标;增量值编程时,切削终点 C 相对于循环起点 A 的有向距离,图形中用 U,W 表示,其符号由轨迹 1R 和 2F 的方向确定。

F:刀具切削进给速度。

该指令执行如图 5.4 所示 A→B→C→D→A 的轨迹动作。

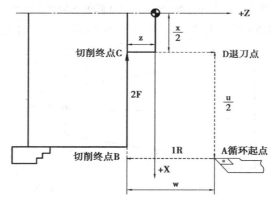

图 5.4　端面切削循环 G81 圆柱加工示意图

二、端面切削循环 G81 加工圆锥面

格式：

G81　X(U)＿＿　Z(W)＿＿　K＿＿＿　F＿；

说明：

X,Z:绝对值编程时,切削终点 C 在工件坐标系下的坐标;增量值编程时,切削终点 C 相对于循环起点 A 的有向距离,图形中用 U,W 表示。

K:切削起点 B 相对于切削终点 C 的 Z 向有向距离。

F:刀具切削进给速度。

该指令执行如图 5.5 所示 A→B→C→D→A 的轨迹动作。

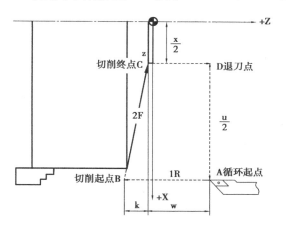

图 5.5 G81 圆锥加工示意图

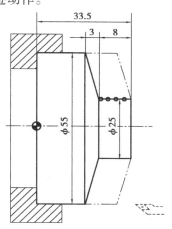

图 5.6 G81 切削循环编程实例

编制程序如下：

%0056;	（见图 5.6）
T0101　M03　S600;	（选 1 号刀,主轴正转以 600 r/min）
N1　G00　X60　Z45;	（快速到循环起点）
N2　G81　X25　Z31.5　K−3.5　F100;	（加工第一次循环,吃刀深 2 mm）
N3　G81　X25　Z29.5　K−3.5;	（每次吃刀均为 2 mm）
N4　G81　X25　Z27.5　K−3.5;	（每次切削起点位,距工件外圆面 5 mm,故 K 值为 −3.5）
N5　G81　X25　Z25.5　K−3.5;	（加工第四次循环,吃刀深 2 mm）
N6　M05;	（主轴停）
N7　M30;	（主程序结束,并复位）

知识三　内外径车削复合循环 G71 的编程

一、无凹槽时的内外径车削复合循环 G71 指令

格式:

G71　U(Δd)__　R(r)__　P(ns)__　Q(nf)__　X(Δx)__　Z(z)__　F(f)__ S(s)__　T(t)__;

简化格式:

G71　U__　R__　P__　Q__　X__　Z__　F__;

说明:

该指令执行如图5.7所示的粗加工和精加工。其中,精加工路径为 A→A′→B′→B 的轨迹。

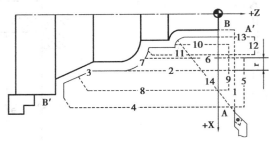

图5.7　无凹槽的内外径粗车复合循环 G71

Δd:切削深度(每次切削量),指定时不加符号,方向由矢量$\overline{AA'}$决定。

r:每次退刀量。

ns:精加工路径第一程序段(即图中的 AA′)的顺序号。

nf:精加工路径最后程序段(即图中的 B′B)的顺序号。

Δx:X 方向精加工余量。

Δz:Z 方向精加工余量。

f,s,t:粗加工时,G71 中编程的 F,S,T 有效;精加工时,处于 ns 到 nf 程序段之间的 F,S,T 有效。

G71 切削循环下,切削进给方向平行于 Z 轴,X(ΔU)和 Z(ΔW)的符号"＋"表示沿轴正方向移动,"－"表示沿轴负方向移动。

二、有凹槽时的内外径车削复合循环 G71 指令

格式:

G71　U(Δd)__　R(r)__　P(ns)__　Q(nf)__　E(e)__　F(f)__　S(s)__　T(t)__;

简化格式:

G71　U__　R__　P__　Q__　E__　F__;

说明:

该指令执行如图5.8所示的粗加工和精加工。其中,精加工路径为 A→A′→B′→B 的轨迹。

Δd:切削深度(每次切削量),指定时不加符号,方向由矢量$\overline{AA'}$决定。

r:每次退刀量。

ns:精加工路径第一程序段(即图中的 AA′)的顺序号。

nf:精加工路径最后程序段(即图中的 B′B)的顺序号。

e:精加工余量,为 X 方向的等高距离。外径切削时,为正;内径切削时,为负。

f,s,t:粗加工时,G71 中编程的 F,S,T 有效;精加工时,处于 ns 到 nf 程序段之间的 F,S,T 有效。

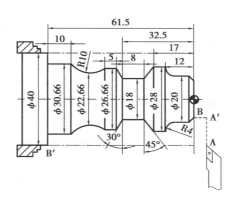

图 5.8　有凹槽的内外径粗车复合循环 G71

注意：

①G71 指令必须带有 P,Q 地址 ns,nf,且与精加工路径起止顺序号对应,否则不能进行该循环加工。

②G71 循环的第一段必须为 G00 或 G01 指令,即从 A 到 A′的动作必须是直线或点定位运动。

③在顺序号为 ns 到顺序号为 nf 的程序段中,不应包含子程序。

④运用 G71 复合循环指令,只需指定精加工路线和粗加工的吃刀量,系统会自动计算粗加工路线和走刀次数。

三、编程实例一

用粗加工复合循环指令 G71,编写如图 5.9 所示零件的加工程序。要求循环起始点在 A(46,3),切削深度为 1.5 mm(半径量),退刀量为 1 mm,X 方向精加工余量为 0.4 mm,Z 方向精加工余量为 0.1 mm。其中,双点画线部分为工件毛坯。

编制程序如下：

%0059；　　　　　　　　　　　　　　　（见图 5.9）

N1　T0101　M03　S400；　　　　　（1 号刀,主轴以 400 r/min 正转）

N2　G00　X100　Z100；　　　　　　（快速到换刀点位置）

N3　G00　X46　Z3；　　　　　　　　（刀具移到起刀点位置）

N4　G71　U1.5　R1　P5　Q14　X0.4　Z0.1　F100；

　　　　　　　　　　　　　　　　（粗车切深 1.5 退尾 1,留精车余量）

N5　G01　X6　Z0　F80；　　　　　　（精加工轮廓起始行,即循环的第一行）

N6　G01　X10　Z－2；　　　　　　　（精加工 2×45°倒角）

N7　G01　Z－20；　　　　　　　　　（精加工 φ10 外圆）

N8　G02　U10　W－5　R5；　　　　（精加工 R5 圆弧）

N9　G01　W－10；　　　　　　　　　（精加工 φ20 外圆）

N10　G03　U14　W－7　R7；　　　　（精加工 R7 圆弧）

N11　G01　Z−52；　　　　　　　　　（精加工 ϕ34 外圆）

N12　G01　U10　W−10；　　　　　　（精加工外圆锥）

N13　G01　Z−82；　　　　　　　　　（精加工 ϕ44 外圆，精加工轮廓结束行）

N14　G01　X50；　　　　　　　　　　（退出已加工面，即循环最后 1 行）

N15　G00　X100　Z100；　　　　　　（回换刀点）

N16　M05；　　　　　　　　　　　　　（主轴停）

N17　M30；　　　　　　　　　　　　　（主程序结束，并复位）

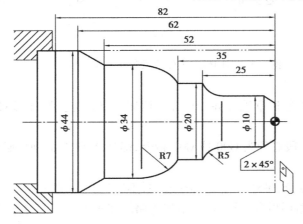

图 5.9　G71 外径复合循环编程实例

四、编程实例二

用内径粗加工复合循环编写如图 5.10 所示零件的加工程序。要求循环起始点在 A(46,3)，切削深度为 1.5 mm（半径量），退刀量为 1 mm，X 方向精加工余量为 0.4 mm，Z 方向精加工余量为 0.1 mm。其中，双点画线部分为工件毛坯。

编制程序如下：

%0510；　　　　　　　　　　　　　（见图 5.10）

N1　T0101　M03　S700；　　　　　　（换一号刀，主轴以 700 r/min 正转）

N2　G00　X80　Z80；　　　　　　　　（到程序起点或换刀点位置）

N3　X7　Z5；　　　　　　　　　　　　（到循环起点位置）

G71　U1　R1　P7　Q16　X−0.4　Z0.1　F100；

　　　　　　　　　　　　　　　　　　（内径粗切循环加工）

N4　G00　X100　Z100；　　　　　　（粗车后，到换刀点位置）

N5　T0202；　　　　　　　　　　　　（换二号刀）

N6　G42　G00　X6　Z5；　　　　　　（二号刀加入刀尖圆弧半径补偿）

N7　G00　X44；　　　　　　　　　　　（精加工轮廓开始，到 ϕ44 外圆处）

N8　G01　W−20　F80；　　　　　　　（精加工 ϕ44 外圆）

N9　U−10　W−10；　　　　　　　　（精加工外圆锥）

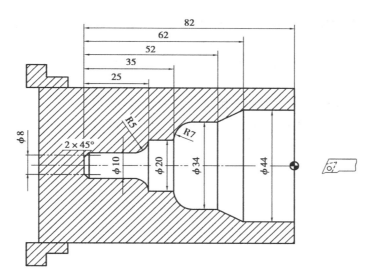

图 5.10 G71 内径复合循环编程实例

N10	W － 10 ；	（精加工 $\phi34$ 外圆）
N11	G03 U － 14 W － 7 R7 ；	（精加工 R7 圆弧）
N12	G01 W － 10 ；	（精加工 $\phi20$ 外圆）
N13	G02 U － 10 W － 5 R5 ；	（精加工 R5 圆弧）
N14	G01 Z － 80 ；	（精加工 $\phi10$ 外圆）
N15	U － 4 W － 2 ；	（精加工倒角 $2\times45°$，精加工轮廓结束）
N16	G40 X4 ；	（退出已加工表面，取消刀尖圆弧半径补偿）
N17	G00 Z100 ；	（退出工件内孔）
N18	X100 ；	（回程序起点或换刀点位置）
N19	M30 ；	（主轴停、主程序结束，并复位）

知识四　端面粗车复合循环 G72 的编程

一、G72 端面粗车复合循环

格式：

G72　W（Δd）＿　R（r）＿　P（ns）＿　Q（nf）＿　X（Δx）＿　Z（Δz）＿　F（f）＿ S（s）＿　T（t）＿；

简化格式：

G72　W＿　R＿　P＿　Q＿　X＿　Z＿　F＿；

说明：

该循环与 G71 的区别仅在于切削方向平行于 X 轴。该指令执行如图 5.11 所示的粗加工和精加工。其中,精加工路径为 A→A′→B′→B 的轨迹。

W:切削深度(每次切削量),指定时不加符号,方向由矢量 $\overrightarrow{AA'}$ 决定。

R:每次退刀量。

P:精加工路径第一程序段(即图中的 AA′)的顺序号。

Q:精加工路径最后程序段(即图中的 B′B)的顺序号。

X:X 方向精加工余量。

Z:Z 方向精加工余量。

f,s,t:粗加工时,G71 中编程的 F,S,T 有效;精加工时,处于 P 到 Q 程序段之间的 F,S,T 有效。

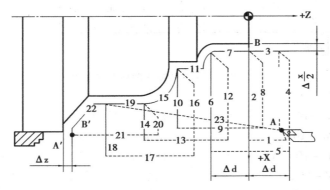

图 5.11　端面粗车复合循环 G72

二、编程实例

加工如图 5.12 所示的零件。材料选用 45 钢,毛坯直径为 $\phi 80$ mm,要求循环起始点在 A(81,10),切削深度为 1.2 mm,退刀量为 1 mm,X 向精加工余量 0.2 mm,Z 向精加工余量为 0.5 mm。其中,双点画线部分为工件毛坯。

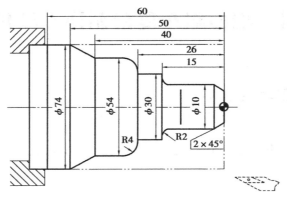

图 5.12　端面粗车复合循环 G72 编程实例

编制程序如下：

%0512；

N1	T0101　M03　S400；	（换一号刀，主轴以 400 r/min 正转）
N2	G00　X80　Z1；	（到循环起点位置）
N3	G72　W1.2　R1　P6　Q15　X0.2　Z0.5　F100；	（外端面粗切循环加工）
N4	G00　X100　Z100；	（粗加工后，到换刀点位置）
N5	G42　G00　X80　Z1；	（加入刀尖圆弧半径补偿）
N6	G00　Z－53；	（精加工轮廓开始，到锥面延长线处）
N7	G01　X54　Z－40　F80；	（精加工锥面）
N8	Z－30；	（精加工 φ54 外圆）
N9	G02　U－8　W4　R4；	（精加工 R4 圆弧）
N10	G01　X30；	（精加工 Z26 处端面）
N11	Z－15；	（精加工 φ30 外圆）
N12	U－16；	（精加工 Z15 处端面）
N13	G03　U－4　W2　R2；	（精加工 R2 圆弧）
N14	G01　Z－2；	（精加工 φ10 外圆）
N15	U－6　W3；	（精加工倒角 2×45°，精加工轮廓结束）
N16	G00　X50；	（退出已加工表面）
N17	G40　X100　Z80；	（取消半径补偿，返回程序起点位置）
N18	M30；	（程序结束，并复位）

知识五　闭环车削复合循环 G73 的编程

一、闭环车削复合循环 G73

格式：

G73　U(ΔI)＿＿　W(ΔK)＿＿　R(r)＿＿　P(ns)＿＿　Q(nf)＿＿　X(Δx)＿＿　Z(Δz)＿＿　F(f)＿＿　S(s)＿＿　T(t)＿＿；

说明：

该功能在切削工件时刀具轨迹为如图 5.13 所示的封闭回路，刀具逐渐进给，使封闭切削回路逐渐向零件最终形状靠近，最终切削成工件的形状。其精加工路径为 A→A′→B′→B。

这种指令是对铸造、锻造等粗加工中已初步成形的工件进行高效率切削。

ΔI：X 轴方向的粗加工总余量。

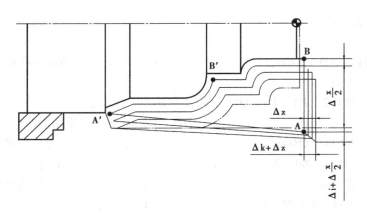

图 5.13 闭环车削复合循环 G73

ΔK:Z 轴方向的粗加工总余量。

r:粗切削次数。

ns:精加工路径第一程序段(即图中的 AA′)的顺序号。

nf:精加工路径最后程序段(即图中的 B′B)的顺序号。

Δx:X 方向精加工余量。

Δz:Z 方向精加工余量。

f,s,t:粗加工时,G71 中编程的 F,S,T 有效;精加工时,处于 ns 到 nf 程序段之间的 F,S,T 有效。

注意:ΔI 和 ΔK 表示粗加工时总的切削量,粗加工次数为 r,则每次 X 向、Z 向的切削量为 ΔI/r,ΔK/r。

按 G73 段中的 P 和 Q 指令值实现循环加工,要注意 Δx 和 Δz,ΔI 和 ΔK 的正负号。

二、编程实例

编制如图 5.14 所示零件的加工程序。设切削起始点在 A(60,10);X 向、Z 向粗加工余量分别为 3,0.9 mm;粗加工次数为 3;X 向、Z 向精加工余量分别为 0.6,0.1 mm。其中,双点画线部分为工件毛坯。

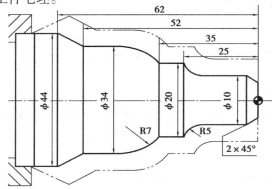

图 5.14 闭环车削复合循环 G73 编程实例

%0514;　　　　　　　　　　　　（见图 5.14）
T0202　M03　S500;　　　　　　（主轴以 500 r/min 正转）
G00　X60　Z10;　　　　　　　　（到循环起点位置）
G73　U3　W0.9　R3　P1　Q2　X0.6　Z0.1　F120;
　　　　　　　　　　　　　　　　（闭环粗切循环加工）

N1　G00　X0　Z3;　　　　　　　（精加工轮廓开始,到倒角延长线处）
G01　U10　Z-2　F80;　　　　　（精加工倒角 2×45°）
Z-20;　　　　　　　　　　　　　（精加工 φ10 外圆）
G02　U10　W-5　R5;　　　　　　（精加工 R5 圆弧）
G01　Z-35;　　　　　　　　　　（精加工 φ20 外圆）
G03　U14　W-7　R7;　　　　　　（精加工 R7 圆弧）
G01　Z-52;　　　　　　　　　　（精加工 φ34 外圆）
U10　W-10;　　　　　　　　　　（精加工锥面）
N2　U10;　　　　　　　　　　　（退出已加工表面,精加工轮廓结束）
G00　X80　Z80;　　　　　　　　（返回程序起点位置）
M30;　　　　　　　　　　　　　（程序结束,并复位）

【项目训练】

任务一　圆柱面零件的程序编制与加工

用 G80 内(外)径固定循环指令,编制如图 5.15 所示简单圆柱零件的加工程序。其中,双点画线部分为工件毛坯。

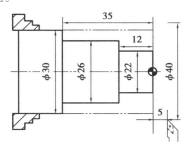

图 5.15　G80 切削循环编程实例一

一、零件图分析

该零件有 3 个圆柱面,φ30 是毛坯尺寸不需加工,只加工 φ26 和 φ22 两个尺寸即可。每个尺寸分两次加工完成。

二、确定装夹方式和编程原点

装夹方式如图 5.15 所示。伸出长 ≥40 mm,取右端面的中心点为工件坐标系原点。

三、编制加工工艺卡

加工工艺卡见表 5.1。

表 5.1　加工工艺卡

实训项目	零件名称	数控系统	材料	毛坯尺寸		
项目五	圆柱台阶轴	华中 HNC-21T	45 钢	$\phi 30 \times 55$		
装夹定位简图						
程序名称	G 指令	T 刀具	切削用量			
			主轴转速 S /(r·min^{-1})	进给量 F /(mm·min^{-1})	切削深度 a_p /mm	
%0515	G00,G01,G80	T0101	800	100	1	

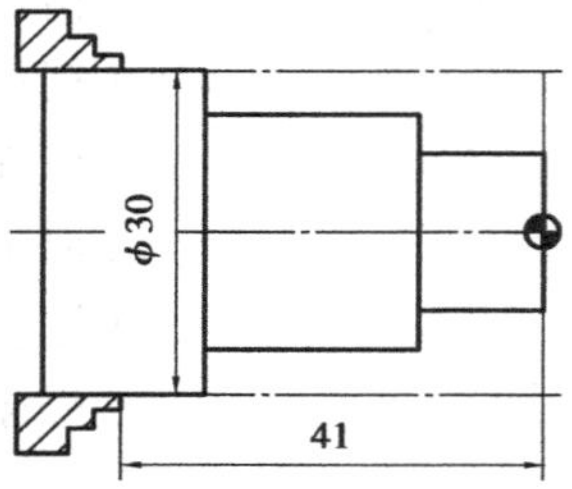

四、刀量具准备

93°外圆车刀 1 把,0~150 mm、精度 0.02 mm 的游标卡尺 1 把,0~25 mm 的外径千分尺 1 把。

五、编制程序

加工程序见表 5.2。

表 5.2　加工程序

程序号:%0416;		
程序段号	程序内容	说　明
N1	T0101　M03　S800;	调 1 号刀、主轴,以 800 r/min 正转
N2	G00　X40　Z10;	刀具快速移动到零件近处

续表

程序段号	程序内容	说　明
N3	G01 X31 Z5 F100；	刀具移到循环起点
N4	G80 X28 Z－35；	调用 G80 加工 φ26
N5	G80 X26 Z－35；	
N6	G80 X24 Z－12；	调用 G80 加工 φ22
N7	G80 X22 Z－12；	
N8	G01 X31 Z－12；	刀具沿 X 向退刀
N9	G00 X100 Z100；	刀具退回到换刀点
N10	M30；	程序结束，并返回程序起点

任务二　圆锥面零件的程序编制与加工

用 G80 内(外)径固定循环指令编程,分 5 次加工如图 5.16 所示的简单圆锥零件。其中,双点画线部分为工件毛坯。

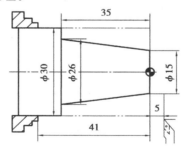

图 5.16　G80 切削循环编程实例二

一、零件图分析

该零件是圆锥,大端与小端直径分别为 φ26,φ15,锥台长 35 mm,直径差 I 为 －11。

二、确定装夹方式、工艺方案、刀量具准备

装夹方式、工艺方案、刀量具准备均参考实例一进行。

三、编制程序

加工程序见表 5.3。

表 5.3 加工程序

程序段号	程序内容	说 明
程序号:％0416;		
	％0516;	程序号 0516
N1	T0101　M03　S700;	调 1 号刀,主轴以 700 r/min 正转
N2	G00　X40　Z10;	刀具快速移动到零件近处
N3	G01　X31　Z5　F100;	刀具移到循环起点
N4	G80　X28　Z−35　F100;	调用 G80 统一加工至 φ26 直径
N5	G80　X26　Z−35　F100;	
N6	G00　X30　Z5;	X 向、Z 向快速退刀,移到圆锥加工循环起点
N7	G80　X30　Z−35　I−11　F100;	调用 G80 加工圆锥部分第一刀
N8	G80　X29　Z−35　I−11;	调用 G80 加工圆锥部分第二刀
N9	G80　X28　Z−35　I−11;	调用 G80 加工圆锥部分第三刀
N10	G80　X27　Z−35　I−11;	调用 G80 加工圆锥部分第四刀
N11	G80　X26　Z−35　I−11;	调用 G80 加工圆锥部分第五刀
N12	G01　X31　Z−35;	刀具沿 X 向退刀
N13	G00　X100　Z100;	刀具退回到换刀点
N14	M30;	程序结束,并返回程序起点

任务三　G81 端面循环指令的编程与加工

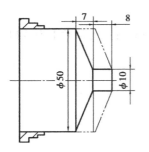

图 5.17　G81 切削循环编程实例

如图 5.17 所示,用 G81 指令编程。其中,双点画线部分为工件毛坯。

一、零件分析

该零件是典型盘类零件,由简单的圆柱、圆锥面组成。用 G81 圆锥端面循环指令编程即可完成加工。毛坯 φ50 不需车削,选择毛坯尺寸为 φ50×35 mm。

二、确定装夹方式和编程原点

装夹如图 5.17 所示。伸出长≥20 mm,取右端面中心点为程序原点。

三、确定加工工艺卡及切削用量

根据零件加工要求,选用 90°外圆右偏车刀。假如要求用粗车完成车削加工,则该零件加工工序卡见表 5.4。

表 5.4　数控加工工序卡

实训项目	零件名称	数控系统		材料	
项目五	端面圆锥轴	华中 HNC-21T		45 钢	
工序	名称	工艺要求			
1	下料	$\phi50 \times 35$		数量	1
2	数控车床	工步	工步内容		刀具号
		1	平右端面		T02
		2	粗车圆锥面与 $\phi10$ 圆柱台阶		T02
程序名称	G 指令	T 刀具	切削用量		
			主轴转速 S /(r·min^{-1})	进给量 F /(mm·min^{-1})	切削深度 a_p /mm
％0517	G00,G01,G81	T0202	800	100	2

四、确定基点坐标

车削圆柱、锥面时,P1,P2,P3,P4 基本点坐标见表 5.5。

提示:本案例中,循环起点取在比毛坯直径大 1 mm 处,即 P4 点。经过计算,K 值为 −7.37。

表 5.5　基点坐标

基点	坐标(X,Z)	图　例
P1	(10,0)	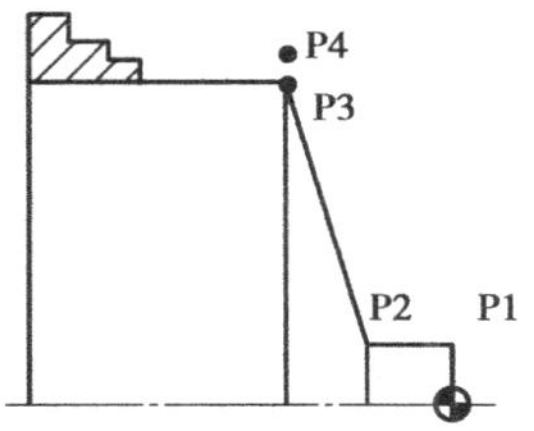
P2	(10,−8)	
P3	(50,−15)	
P4	(51,−15)	

五、编制程序

编制程序如下：

%0517;

N1	T0202	M03	S800;	（选定 2 号刀，主轴以 800 r/min 正转）
N2	G00	X100	Z100;	（刀具快速运动到换刀点）
N3	G00	X51	Z5;	（刀具快速移到循环起点）
N4	G81	X10	Z−2 K−7.37 F100;	（第一次循环，Z 向吃刀深 2 mm，F100）
N5		X10	Z−4 K−7.37;	（每次切削起点位，距工件外圆面 1 mm，故 K 值为−7.37）
N6		X10	Z−6 K−7.37;	（加工第三次循环，吃刀深 2 mm）
N7		X10	Z−8 K−7.37;	（加工第四次循环，吃刀深 2 mm）
N8	G00	X100	Z100;	（刀具快速退回到换刀点）
N9	M05;			（主轴停）
N10	M30;			（主程序结束，并复位）

任务四　有凹槽 G71 外径车削复合循环的加工

用有凹槽的外径粗加工复合循环编制如图 5.18 所示零件的加工程序。其中，双点画线部分为工件毛坯。

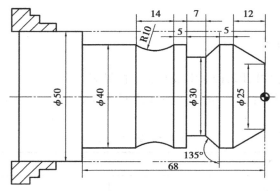

图 5.18　有凹槽 G71 外径车削复合循环的加工实例

一、零件分析

该零件是带有凹槽的轴类零件，由简单的圆柱、圆锥面、凹圆弧及 V 形槽组成。用 G71 外径车削复合循环指令编程即可完成加工。毛坯 $\phi50$ 不需车削，选择毛坯尺寸为 $\phi50×100$ mm，因不是常见的台阶形状，故必须用尖形外圆车刀车削。

二、确定装夹方式和编程原点

装夹如图 5.18 所示。伸出长 ≥70 mm，取右端面中心点为程序原点。

三、确定加工工艺卡及切削用量

根据零件加工要求，选用 35° 外圆尖形车刀。假如要求用粗车和精车完成车削加工，则该零件加工工序卡见表 5.6。

表 5.6　数控加工工序卡

实训项目		零件名称	数控系统		材料	
项目五		V 形槽轴	华中 HNC-21T		45 钢	
工序	名称	工艺要求				
1	下料	$\phi 50 \times 100$			数量	1
2	数控车床	工步	工步内容			刀具号
		1	平右端面（手动）			T01
		2	粗车外圆面（含凹圆弧、V 形槽）			T02
		3	精车整个外轮廓外至图尺寸			T03
程序名称		G 指令	T 刀具	切削用量		
				主轴转速 S /(r·min^{-1})	进给量 F /(mm·min^{-1})	切削深度 a_p /mm
%0518		G00,G02	T0202	600	100	1
		G01,G71	T0303	1000	80	

四、编制程序

编制程序如下：

%0518；	（见图 5.18）
N1　T0202　M03　S600；	（调 2 号刀，主轴以 600r/min 正转）
N2　G00　X52　Z10；	（刀具快速移到循环起点）
N3　G71　U1　R1　P6　Q15　E0.3　F100；	
	（有凹槽 G71 粗车循环加工）
N4　G00　X100　Z100；	（粗车后，到换刀点位置）
N5　T0303　S1000；	（换 3 号精车刀，精车速度 1 000r/min）
N6　G01　X25　Z0　F80；	（精车开始，车刀移至直径 $\phi 25$ 处）
N7　G01　X40　Z−12；	（精车右端圆锥）
N8　G01　Z−17；	（精车右端第一个 $\phi 40$ 外圆）

N9	G01	X30　Z-22；	（精车倒圆锥）
N10	G01	W-7；	（精车 φ30 槽）
N11	G01	X40；	（退刀至 φ40 处）
N12	G01	W-5；	（精车 φ40 外圆）
N13	G02	X40　W-14　R10；	（精车 R10 凹圆弧）
N14	G01	（X40）　Z-68；	（精车 φ40 外圆至长 68 mm 处）
N15	G01	X52；	（车刀退到工具毛坯 φ50 之外,结束精加工）
N16	G00	X100　Z100；	（车刀返回到换刀点）
N17	M30；		（主程序结束,并复位）

【知识拓展】

简化编程指令 G01 运用

一、G01 直线后倒直角

格式：

G01　X(U)＿　Z(W)＿　C＿　F＿；

说明：

倒直角指令 G01,刀具首先从 A 点到 B 点,然后到 C 点,如图 5.19(a)所示。

X,Z:绝对编程时,未倒角前两相邻轨迹程序段的交点 G 的坐标值。

U,W:增量编程时,G 点相对于起始直线轨迹的始点 A 点的移动距离。

C:相邻两直线的交点 G,相对于倒角始点 B 的距离。

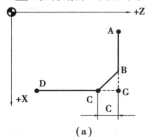 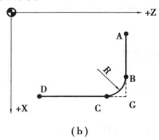

图 5.19　倒直角和圆角的参数说明

二、G01 直线后倒圆角

格式：

G01　X(U)＿　Z(W)＿　R＿　F＿；

说明：

倒圆角指令 G01,刀具首先从 A 点到 B 点,然后到 C 点,如图 5.19(b)所示。

X,Z:绝对编程时,未倒角前两相邻轨迹程序段的交点 G 的坐标值。

U,W:增量编程时,G 点相对于起始直线轨迹的始点 A 点的移动距离。

R:倒角圆弧的半径值。

【思考与练习】

一、填空题

1. 在进行新零件的加工前,一般应先进行_____,以防发生事故。

2. 数控车床断电并再次接通数控系统电源后,一般也需要进行_____操作,以建立正确的机床坐标系。

3. 在车床运行过程中,若遇危险或紧急情况,则应按_____键,使 CNC 进入急停状态。

4. 数控加工程序的文件名一般由字母_____开头,后跟 1 个(或多个)数字(或字母)组成。

二、分析题

编制如图 5.20 所示零件的数控加工刀具卡、加工程序卡,并通过数控车床进行编程加工。

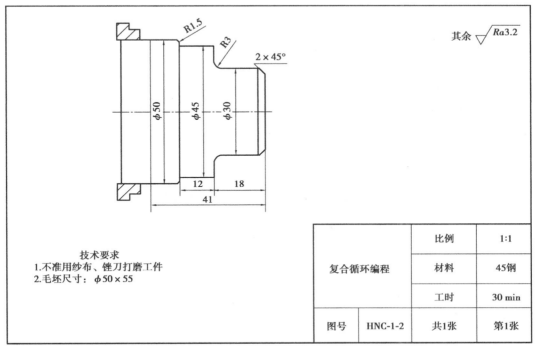

		比例	1:1
复合循环编程		材料	45钢
		工时	30 min
图号	HNC-1-2	共1张	第1张

图 5.20 复合循环编程实例

项目六　成形面零件的编程与车削

【相关知识】

知识一　圆弧插补指令 G02,G03 的编程

一、圆弧进给 G02,G03

格式：

$$\begin{Bmatrix} G02 \\ G03 \end{Bmatrix} X(U)\underline{\quad} \quad Z(W)\underline{\quad} \begin{Bmatrix} I\underline{\quad} \quad K\underline{\quad} \\ R\underline{\quad} \end{Bmatrix} F\underline{\quad}；$$

说明：

G02/G03：指令刀具，按顺时针/逆时针进行圆弧加工。

圆弧插补 G02/G03 的判断是在加工平面内，根据其插补时的旋转方向为顺时针/逆时针来区分的。加工平面为观察者迎着 Y 轴的指向所面对的平面，如图 6.1 所示。

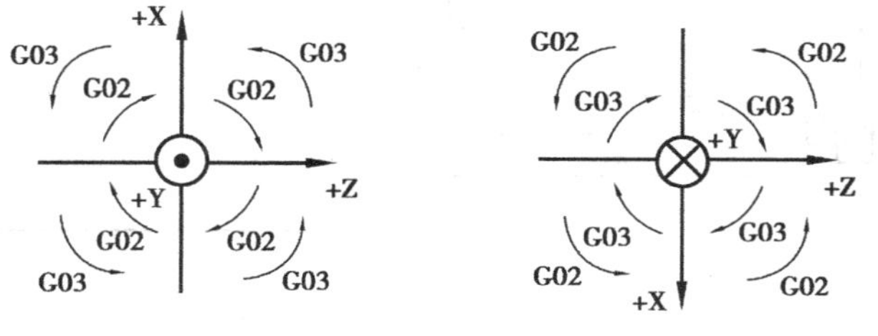

图 6.1　G02 与 G03 圆弧插补的旋转方向

G02 顺时针圆弧插补，G03 逆时针圆弧插补，如图 6.1 所示。

X,Z：绝对编程时，圆弧终点在工件坐标系中的坐标。

U,W：增量编程时，圆弧终点相对于圆弧起点的位移量。

I,K：圆心相对于圆弧起点的增加量（等于圆心的坐标减去圆弧起点的坐标，见图6.2）。

在绝对、增量编程时,都是以增量方式指定;在直径方式、半径方式编程时,I 都是半径值。

R:圆弧半径,当圆弧圆心角小于 180° 时,R 为正值;否则,R 为负值。

F:被编程的两个轴的合成进给速度。

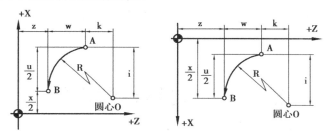

图 6.2　G02 与 G03 参数说明

注意:

①顺时针或逆时针是从垂直于圆弧所在平面的坐标轴的正方向看到的回转方向。

②同时编入 R 与 I,K 时,R 有效。

二、编程实例

如图 6.3 所示,用圆弧插补指令编制出加工零件的程序。

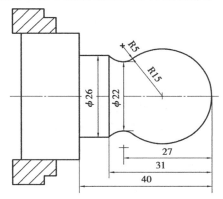

图 6.3　G02 和 G03 编程实例

编制程序如下:

%0603;

N1　G92　T0101　M03　S600;　　　（选 1 号刀设立坐标系,主轴以 600 r/min 正转）

N2　G00　X41　Z5;　　　（快速到起刀点位置）

N3　G71　U1　R1　P4　Q9　E0.5　F100;

　　　　　　　　　　　　　　　（粗加工外轮廓）

N4　G00　X0;　　　（至工件端面中心）

N5　G01　Z0　F60;　　　（刀具接触工件毛坯）

N6　G03　U24　W − 24　R15;　　　（精加工 R15 圆弧段）

N7　G02　X26　Z－31　R5;　　　（精加工 R5 圆弧段）

N8　G01　Z－40;　　　（精加工 φ26 外圆）

N9　G01　X45;　　　（离开加工表面,结束加工）

N10　G00　X100　Z100;　　　（刀具快速退回换刀点）

N11　M30;　　　（程序结束,并复位）

知识二　刀具补偿功能

一、刀具补偿功能指令

刀具的补偿包括刀具的偏置和磨损补偿,以及刀尖半径补偿。

注意:刀具的偏置和磨损补偿是由 T 代码指定的功能,而不是由 G 代码规定的准备功能。但为了方便用户阅读,保持整个说明书的系统性和连贯性,改在此处描述。

编程时,设定刀架上各刀在工作位时,其刀尖位置是一致的。但由于刀具的几何形状及安装的不同,其刀尖位置是不一致的,其相对于工件原点的距离也是不同的。因此,需要将各刀具的位置值进行比较或设定,称为刀具偏置补偿。刀具偏置补偿可使加工程序不随刀尖位置的不同而改变。刀具偏置补偿有以下两种形式:

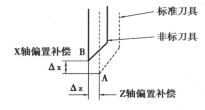

图 6.4　刀具偏置的相对补偿形式

1. 相对补偿形式

如图 6.4 所示,在对刀时,确定一把刀为标准刀具,并以其刀尖位置 A 为依据建立坐标系。这样,当其他各刀转到加工位置时,刀尖位置 B 相对于标准刀具刀尖位置 A 就会出现偏置,原来建立的坐标系就不再适用。因此,应对非标刀具相对于标准刀具之间的偏置值 Δx,Δz 进行补偿。使刀尖位置 B 移至位置 A。标准刀具偏置值为机床回到机床零点时,工件坐标系零点相对于工作位上标准刀具刀尖位置的有向距离。

2. 绝对补偿形式

绝对补偿形式是指机床回到机床零点时,工件坐标系零点,相对于刀架工作位上各刀刀尖位置的有向距离。当执行刀偏补偿时,各刀以此值设定各自的加工坐标系,如图 6.5 所示。

刀具使用一段时间后的磨损也会使产品尺寸产生误差。因此,需要对其进行补偿。该补偿与刀具偏置补偿存放在同一个寄存器的地址号中。各刀的磨损补偿只对该刀有效(包括标准刀具)。

刀具的补偿功能由 T 代码指定,其后的 4 位数字分别表示选择的刀具号和刀具偏置补偿号。T 代码的说明为

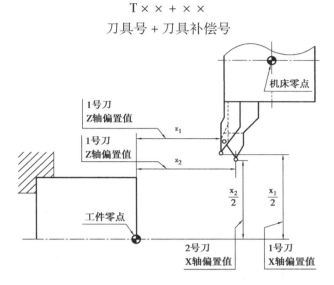

$$T \times \times + \times \times$$

刀具号 + 刀具补偿号

图 6.5　刀具偏置的绝对补偿形式

刀具补偿号是刀具偏置补偿寄存器的地址号。该寄存器存放刀具的 X 轴和 Z 轴偏置补偿值、刀具的 X 轴和 Z 轴磨损补偿值。

T 加补偿号表示开始补偿功能。补偿号为 00 表示补偿量为 0,即取消补偿功能。

系统对刀具的补偿或取消都是通过拖板的移动来实现的。补偿号可与刀具号相同,也可不同,即一把刀具可对应多个补偿号(值)。

如图 6.6 所示,如果刀具轨迹相对编程轨迹具有 X 向、Z 向上补偿值(由 X 向、Z 向上的补偿分量构成的矢量,称为补偿矢量),那么程序段中的终点位置加上或减去由 T 代码指定的补偿量(补偿矢量),即刀具轨迹段终点位置。

如图 6.7 所示,先建立刀具偏置磨损补偿,后取消刀具偏置磨损补偿。

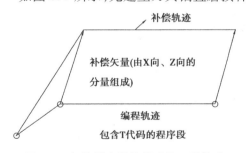

图 6.6　经偏置磨损补偿后的刀具轨迹　　　图 6.7　刀具偏置磨损补偿编程

编制程序如下:

```
%1234;
T0202    M03    S800;
G01    X50    Z100;
G01    Z200;
```

G01　　X100　　Z250　　T0200；

M30；

二、刀尖圆弧半径补偿 G40,G41,G42

格式：

$$\begin{bmatrix} G40 \\ G41 \\ G42 \end{bmatrix} \begin{bmatrix} G00 \\ G01 \end{bmatrix} X\_\_ \quad Z\_\_；$$

说明：

数控程序一般是针对刀具上的某一点（即刀位点），按工件轮廓尺寸编制的。车刀的刀位点一般为理想状态下的假想刀尖 A 点或刀尖圆弧圆心 O 点。但实际加工中的车刀，因工艺或其他要求，刀尖往往不是一理想点，而是一段圆弧。当切削加工时，刀具切削点在刀尖圆弧上变动，造成实际切削点与刀位点之间的位置有偏差，故造成过切或少切。这种刀尖不是一理想点而是一段圆弧所造成的加工误差，可用刀尖圆弧半径补偿功能来消除。刀尖圆弧半径补偿是通过 G41,G42,G40 代码及 T 代码指定的刀尖圆弧半径补偿号，加入或取消半径补偿。

G40：取消刀尖半径补偿。

G41：左刀补（在刀具前进方向左侧补偿），如图 6.8 所示。

G42：右刀补（在刀具前进方向右侧补偿），如图 6.8 所示。

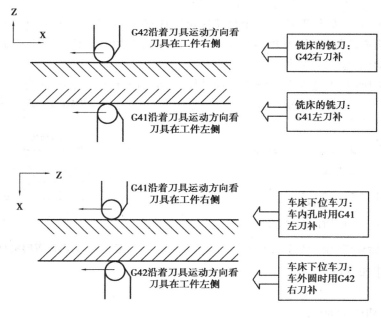

图 6.8　左刀补和右刀补

X，Z：G00/G01 的参数，即建立刀补或取消刀补的终点。

注意：G40，G41，G42 都是模态代码，可相互注销。

注意：

①G41/G42 不带参数，其补偿号（代表所用刀具对应的刀尖半径补偿值）由 T 代码指定。其刀尖圆弧补偿号与刀具偏置补偿号对应。

②刀尖半径补偿的建立与取消只能用 G00 或 G01 指令，不能是 G02 或 G03；刀尖圆弧半径补偿存储器中，定义了车刀圆弧半径及刀尖的方向号；车刀刀尖的方向号定义了刀具刀位点与刀尖圆弧中心的位置关系，从 0 ~ 9 有 10 个方向，如图 6.9 所示。

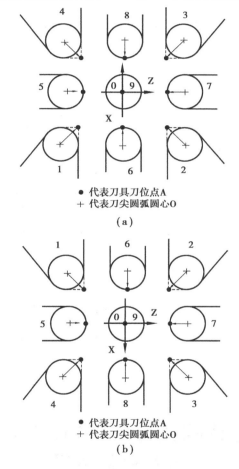

图 6.9　车刀刀尖位置码的定义

三、编程实例

根据图形轮廓形状，在考虑刀尖圆弧半径补偿的前提下，编制如图 6.10 所示的零件加工程序。

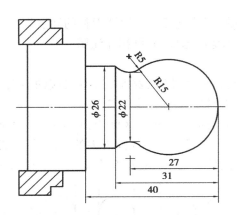

图 6.10 圆弧半径补偿编程实例

编制程序如下：

% 0607；

N1	T0101	M03 S400；	（换一号刀，主轴以 400 r/min 正转）
N2	G00	X41 Z5；	（到程序起点位置）
N3	G71	U1 R1 P4 Q9 E0.3 F80；	
			（加入 G71 粗车复合循环粗加工轮廓）
N4	G00	X0；	（开始下刀，车刀移到工件轴心线）
N5	G42	G01 Z0 F60；	（加入刀尖圆弧半径补偿，车刀接触工件）
N6	G03	U24 W−24 R15；	（精加工 R15 圆弧段）
N7	G02	X26 Z−31 R5；	（精加工 R5 圆弧段）
N8	G01	Z−40；	（精加工 φ26 外圆）
N9	G00	X30；	（退出已加工表面，结束加工）
N10	G40	G00 X41 Z5；	（取消半径补偿，返回程序起点位置）
N11	M30；		（主轴停、主程序结束，并复位）

【项目训练】

任务一　用圆弧插补指令 G02，G03 编程和加工圆弧零件

一、编程实例一

根据如图 6.11 所示的加工零件图，分别用绝对编程和相对编程方式写出加工程序，且通过数控车床完成其加工过程。

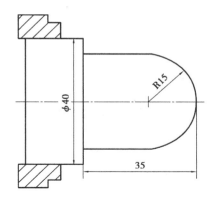

图 6.11 零件图

1. 毛坯准备

材料选用 45 钢,毛坯料取 $\phi40 \times 60$ mm。

2. 确定装夹方式和编程原点

装夹如图 6.11 所示。伸出长 ≥40 mm,取右端面中心为程序原点。

3. 编制程序

编制程序如下:

%0608;　　　　　　　　　　　　(绝对编程方式)

N1　T0101　M03　S500;

N2　G00　X42　Z5;

N3　G00　X0;

N4　G01　Z0　F100;

N5　G03　X30　Z−15　R15;

N5　(G03　X30　Z−15　I0　K−15);

N6　G01　Z−35;

N7　G01　X45;

N8　G00　X100　Z100;

N9　M30;

%0608;　　　　　　　　　　　　(相对编程方式)

N1　T0101　M03　S500;

N2　G00　X42　Z5;

N3　G00　U−42;

N4　G01　W−5　F100;

N5　G03　U30　W−15　R15;

N5　(G03　U30　W−15　I0　K−15);

N6　G01　W−20;

N7　G01　U10;

N8　G00　X100　Z100；
N9　M30；

二、编程实例二

如图 6.12 所示,用圆弧插补指令编写出加工完整的球头零件程序,且通过数控车床完成其加工过程。

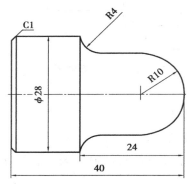

图 6.12　球头

1.零件分析

该零件主要有两种不同的圆弧与圆柱面,用 $\phi30 \times 42$ mm 的毛坯加工即可。左右两端都需要加工才是完整的零件,考虑方便装夹和加工 R4 圆弧与台阶,必须先加工完左端的 C1 倒角与 $\phi28$ 外圆,再夹住 $\phi28$ 加工右端的 R10 半球、R4 与外圆。

2.确定装夹方式和编程原点

①夹紧毛坯,卡盘外伸出长度≥20 mm,以右端面中心为编程原点加工。
②调头夹住 $\phi28$,又以此时的右端面中心为编程原点加工。

3.加工工艺设计

先加工左端的 C1 倒角和 $\phi28$ 外圆结构,再加工右端的球头、圆弧结构。
加工工艺卡见表 6.1。

表 6.1　加工工艺卡

实训项目	零件名称	数控系统	材料	毛坯尺寸
项目六	球头零件	华中 HNC-21T	45 钢	$\phi30 \times 42$
装夹定位简图	第一次装夹		第二次调头装夹	

续表

程序名称	G 指令	T 刀具	切削用量		
			主轴转速 S /(r·min⁻¹)	进给量 F /(mm·min⁻¹)	切削深度 a_p /mm
%0609	G00,G01,G02, G03,G71	T0101	700	120	1.5

注意:第一次装夹后,先平端面,再对刀加工;第二次装夹后,同样先平端面,且这次要保证总长为 40 mm,重新对刀后再加工。第一次与第二次要求程序要分开。

4.编制程序

编制程序如下:

```
%0609；                  （左端程序）
T0101   M03   S700；
G00   X31   Z5；
G71   U1.5   R1   P1   Q2   X0.5   F120；
N1   G01   X26   Z0   F80；
G01   X28   Z-1；
G01   Z-20；
N2   G01   X31；
G00   X100   Z100；
M30；
```

```
%0609；                  （右端程序）
T0101   M03   S700；
G00   X31   Z5；
G71   U1.5   R1   P1   Q2   X0.5   F120；
N1   G01   X0   Z0   F80；
G03   X20   Z-10   R10；
G01   Z-20；
G02   X28   Z-24   R4；
N2   G01   X31；
G00   X100   Z100；
M30；
```

任务二 运用复合循环指令 G71,G73 编程和加工手柄

加工如图 6.13 所示的手柄。因有些机床不能支持 G71 中有 E(e)选项,当凹槽不太深时,可用无凹槽 G71 粗车外圆,G71 最后的一刀才切凹槽部分;如凹槽太深时,可用 G73 粗车外圆。毛坯尺寸为 $\phi32 \times 140$ mm。

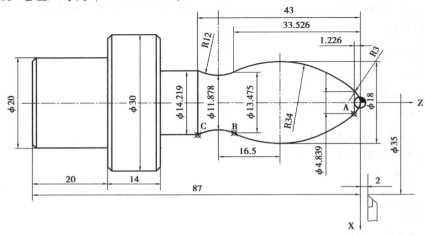

图 6.13 手柄

1. 加工前准备工作

1)工件原点确定

以工件右端面为安装基准,取工件右端面回转中心为编程坐标系零点。

2)车刀选用

由加工要求,T01——外圆车刀(D 型刀片),车端面和外圆;T02——外圆精车刀。

3)加工工序

工件右端循环车削成形:外轮廓粗加工→外轮廓精加工→切断。

2. 车削加工程序

编制程序如下:

方法一:

T0101   M03   S1000;

G00   X35   Z0;

G01   X − 2   F100;

X35   Z2;

G71   U1   R1   P1   Q2   E0.4   F120;

G00   X100   Z100;

T0202；

G42　G00　X35　Z2；

N1　G00　X0；

G01　Z0　F60；

G03　X4.839　Z－1.226　R3；

G03　X13.475　Z－33.526　R34；

G02　X14.219　Z－43　R12；

G01　Z－53；

N2　G01　X35；

G40　G00　X100　Z100；

M30；

方法二：

T0101　M03　S1000；

G00　X35　Z0；

G01　X－2　F100；

X35　Z2；

G73　U1　W2　R8　P1　Q2　X0.4　Z0.1　F120；

G00　X100　Z100；

T0202；

G42　G00　X35　Z2；

N1　G00　X0；

G01　Z0　F60；

G03　X4.839　Z－1.226　R3；

G03　X13.475　Z－33.526　R34；

G02　X14.219　Z－43　R12；

G01　Z－53；

N2　G01　X35；

G40　G00　X100　Z100；

M30；

【知识拓展】

一、G02,G03 圆弧后倒直角指令的运用

格式：

G02/(G03)　X(U)___　Z(W)___　R___　RL =___；

说明：

该指令用于圆弧后倒直角加工,刀具运动轨迹首先从 A 点到 B 点,然后到 C 点,如图 6.14 所示。

X,Z:绝对编程时,圆弧终点 G 点坐标。

U,W:增量编程时,G 点相对于 A 点的移动距离。

R:圆弧半径。

RL =:倒角终点 C,相对于未倒角前的圆弧终点 G 的距离。

注意:

①在螺纹切削程序段中,不得出现倒角控制指令。

②X 轴、Z 轴指定的移动量比指定的 R 或 C 小时,系统将报警,即 GA 长度必须大于 GB 长度。

③RL =,RC =字母必须大写。

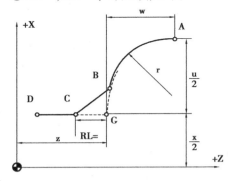

图 6.14　圆弧后倒直角

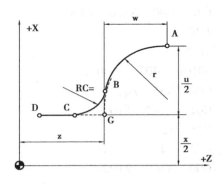

图 6.15　圆弧后倒圆角

二、G02,G03 圆弧后倒圆角指令的运用

格式:

G02(G03)　X(U)__　Z(W)__　R__　RC =__;

说明:

该指令用于圆弧后倒圆角加工,刀具运动轨迹首先从 A 点到 B 点,然后到 C 点,如图 6.15 所示。

X,Z:绝对编程时,圆弧终点 G 点坐标。

U,W:增量编程时,G 点相对于 A 点的移动距离。

R:圆弧半径。

RC =:倒角圆弧半径值。

【思考与练习】

一、填空题

若零件上有圆弧,应采用_____或_____指令。

二、选择题

G02 指令中同时编入 R 与 I,K 值时,(　　)有效。

A. R　　　　　B. I　　　　　C. K　　　　　D. 都有效

三、简答题

简述数控编程指令书写的一般顺序。

四、分析题

用数控车床加工如图 6.16 所示的摇手柄零件。已知材料为 45 钢,毛坯尺寸为 ϕ30 ×
90 mm,对所选用的刀具规格、切削用量等作简要工艺说明。

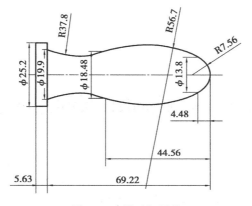

图 6.16　摇手柄零件

项目七　切槽和切断的编程与车削

【相关知识】

知识一　切槽和切断的相关知识

在车床上用切槽刀加工零件的槽,称为车槽(切槽)。零件外圆上的槽,称为外沟槽;零件内孔中的槽,称为内沟槽;在端面上的槽,称为端面槽。直接将零件切成两段(或数段)的加工方法,称为切断。槽的类型如图7.1所示。

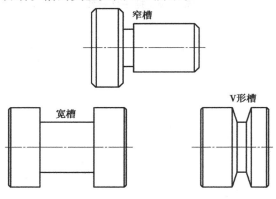

图7.1　槽的类型

一、切槽刀具

常用切槽刀具有焊接式切槽(断)刀和机夹式切槽(断)刀,如图7.2所示。刀片材料一般为硬质合金或硬质合金涂层。

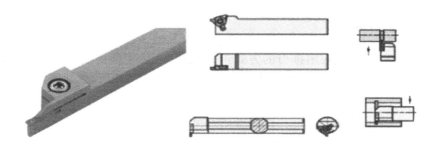

图 7.2　切槽刀具

二、切槽加工方法

①车削窄沟槽时,可用刀宽等于槽宽的车槽刀,采用直进法一次进给车出。精度要求较高的沟槽,一般采用二次进给车成。

②车削较宽的沟槽,可采用多次直进法车削,并在槽壁及底面留精加工余量,最后一刀精车至尺寸。

③较小的梯形槽一般用成形刀车削完成。较大的梯形槽,通常先车直槽,再用梯形刀直进法或左右切削法完成。

知识二　用 G01 线性进给切槽的编程

一、深槽的车削

采用分次进刀的方式,刀具在切入工件一定深度后,停止进刀并回退一段距离,以达到断屑和排屑的目的,如图 7.3 所示。

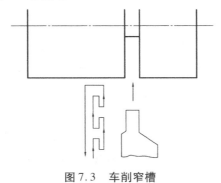

图 7.3　车削窄槽

二、宽槽的车削

在切削宽槽时,首先采用排刀的方式进行粗切,然后用精切槽刀沿槽的一侧切至槽底,精加工槽底至槽的另一侧面,并对其进行精加工,如图7.4所示。

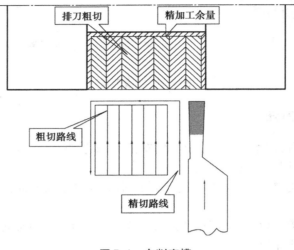

图7.4　车削宽槽

三、退刀槽的车削

退刀槽是轴类零件上典型的矩形沟槽。其精度不高且宽度较窄。一般采用刃宽等于或略小于槽宽的切槽刀,采用直进法切出,如图7.5所示。

四、车削加工路线

确定切槽刀的左刀尖为刀位点,在切槽的同时将槽右侧倒角同时切出,如图7.5所示。

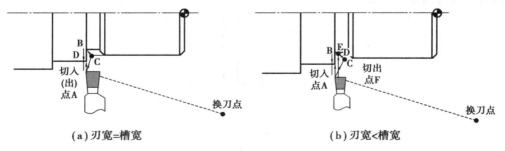

(a) 刃宽=槽宽　　　　　　　　　　(b) 刃宽<槽宽

图7.5　退刀槽加工轨迹

知识三　用 G75 外径切削循环切槽的编程

一、径向切槽循环 G75 指令用法

格式：

G75　X(U)＿＿　R＿＿　Q ＿＿　F＿＿；

说明：

该指令用于内外径切槽。

X：绝对值编程时，槽底终点在工件坐标系下的坐标；增量值编程时，槽底终点相对于循环起点的有向距离，用 U 表示。

R：切槽每进一刀的退刀量，只能为正值。

Q：每次进刀的深度，只能为正值。

F：进给速度。

二、应用举例

1. 编程实例一（见图 7.6）

编制程序如下：

%1234；

T0303　M03　S500；　　　　　（刀宽 3 mm）

G00　X52　Z－23；

G75　X20　R4　Q1　F25；

G01　X52；

G00　X100　Z100；

M30；

特别说明：G75 指令在 HNC-21 7.11 版以后及 HNC-18 4.03 版以后可为逐次进给到槽底方式切槽。

格式：

G75　X(U)＿＿　Z(W)＿＿　R＿＿　Q＿＿　I＿＿　F＿＿；

说明：

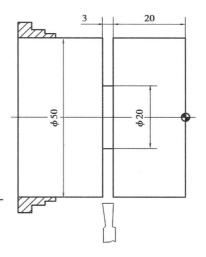

图 7.6　用 G75 切槽

X：绝对值编程时，槽底终点在工件坐标系下的坐标；增量值编程时，槽底终点相对于循环起点的有向距离，用 U 表示。

Z：绝对值编程时，槽宽的终点在工件坐标系下的坐标；增量值编程时，槽的宽度（没有考虑刀具宽度），用 W 表示。

R：切槽每进一刀的退刀量，只能为正值。

Q：每次进刀的深度，只能为正值。

I:每次轴向移动量。

F:进给速度。

2.编程实例二(见图7.7)

编制程序如下:

%1234;

T0303　M03　S450;　　　　　(刀宽3 mm)

G00　X52　Z－23;

G75　X20　Z－29(W－6)　R4　Q1　I2.5　F25;

G01　X51　F200;

G00　X100　Z100;

M30;

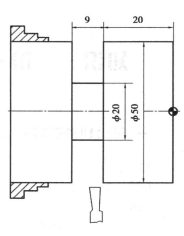

图7.7　用G75切宽槽

【项目训练】

任务一　用 G01 切窄槽的程序编制与加工

用 G01 指令切槽的程序,编制与加工如图7.8所示的简单含退刀槽圆柱零件。

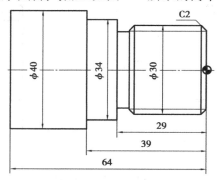

图7.8　退刀槽的车削

一、零件图分析

该零件为有螺纹退刀槽的台阶轴类零件。如果暂时不考虑加工螺纹结构,应先加工零件左端 φ40 外圆后,调头再夹住 φ40 车削右端台阶后切槽。

二、确定装夹方式和编程原点

首先是左端的装夹:取毛坯 φ45×66 mm,先夹紧,留 30 mm 长在外,以右端中心为程序原点;其次是右端的装夹:调头夹住 φ40,留 45 mm 长在外,仍定右端中心为程序原点。

三、编制加工工艺卡

编制加工工艺卡,见表7.1。

表7.1　加工工艺卡

实训项目	零件名称	数控系统	材料	毛坯尺寸	
项目七	沟槽螺纹轴	华中 HNC-21T	45 钢	$\phi45 \times 66$	
装夹定位简图					
程序名称	G 指令	T 刀具	切削用量		
			主轴转速 S /(r · min^{-1})	进给量 F /(mm · min^{-1})	
%0705	G00,G01,G71	T0101	800	120	
		T0303	400	40	

四、刀量具准备

93°外圆车刀 1 把,刀宽 4 mm 的切槽刀 1 把,0～150 mm、精度 0.02 mm 的游标卡尺 1 把,0～25 mm 的外径千分尺 1 把。

五、编制程序

编制程序如下:

%0705;　　　　　　　　　　　　　　　　　(左端程序)

T0101　M03　S800;

G00　X46　Z5;

G71　U1　R1　P1　Q2　X0.5　F120;

N1　G01　X40　F80;

Z－26;

N2　X46;

G00　X100　Z100;

M05；

M30；

%0706； （右端程序）

T0101　M03　S800；

G00　X46　Z5；

G71　U1　R1　P1　Q2　X0.5　F120；

N1　G01　X27　Z0　F80； （精车开始）

　　X30　Z－1.5；

　　Z－29；

　　X34；

　　Z－39；

N2　X46； （精车结束）

G00　X100　Z100； （退回换刀点）

T0303　M03　S400； （换刀宽4 mm的3号切刀）

G00　X41　Z－29； （快速进刀至起刀点）

G01　X26　F40； （先车出直槽）

　　X41； （退出切槽刀）

　　Z－27； （向右移动2 mm）

　　X30； （进刀至φ30处）

　　X26　Z－29； （向左斜向进刀倒角）

　　X41； （退出切槽刀）

G00　X100　Z100； （退至换刀点）

M30； （结束程序）

任务二　用 G01 切宽槽的程序编制与加工

试采用 G01 指令，编写如图7.9所示的槽类零件的加工程序。

编制程序如下：

%0707；

T0202　M03　S500；

G00　X42　Z－29；

G95　G01　X36　F0.1；

G01　X38；

G04　P2；

G01　X32；

（暂停2 s）

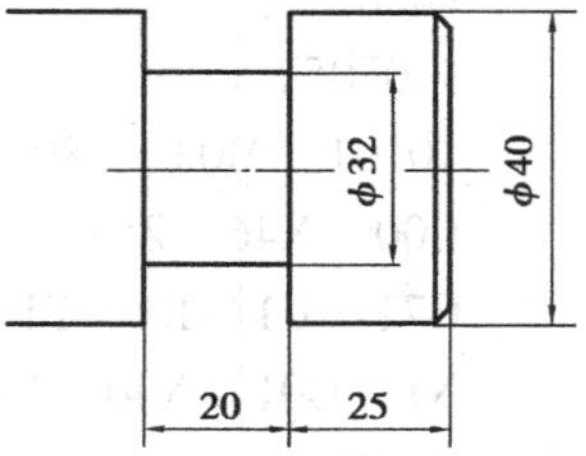

图 7.9　宽槽需多次进刀加工

G01　X42；

G01　W − 3.5；

G01　X36；

G01　X38；

G01　X32；

...

G00　X100　Z100；

M30；

（如此车削需要 6 刀完成槽宽 20 mm）

任务三　用 G75 切宽槽的程序编制与加工

如图 7.10 所示的零件,设刀宽为 3 mm,用 G75 指令切槽方法,加工出除毛坯 ϕ50 外的右端结构零件。

一、零件图分析

该零件外轮廓是台阶,中间有宽 9 mm、深 12.5 mm 的宽槽,用 G75 指令编程,最好考虑切 4 刀完成加工。

二、确定装夹方式和编程原点

夹紧左端,伸出长不小于 42 mm,以右端面中心作为工件坐标系原点。

三、编制加工工艺卡

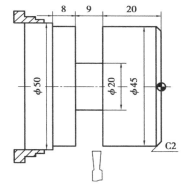

图 7.10　用 G75 切宽槽

编制加工工艺卡,见表 7.2。

表 7.2　加工工艺卡

实训项目	零件名称	数控系统	材料	毛坯尺寸
项目七	宽沟槽轴	华中 HNC-21T	45 钢	ϕ50 × 60
装夹定位简图				

续表

程序名称	T 刀具	切削用量		
		主轴转速 S /(r·min^{-1})	进给量 F /(mm·min^{-1})	切削深度 a_p /mm
%0808	外圆车刀	800	100	1
	切槽刀	350	30	

四、刀量具准备

93°外圆车刀 1 把,刀宽 3 mm 的切槽刀 1 把,0~150 mm、精度 0.02 mm 的游标卡尺 1 把,0~25 mm 的外径千分尺 1 把。

五、编制加工程序

编制加工程序,见表 7.3。

表 7.3　加工程序

%0808;	N2　X51;
M03　S800　T0101;	G00　X100　Z100;
G00　X51　Z5;	T0303　S350;
G71　U1　R1　P1　Q2　X0.4　F100;	G00　X47　Z−23;
N1　G01　X41　F80;	G75　X20　W−6　R4　Q1　I2　F25;
Z0;	G01　X51　F200;
X45　Z−2;	G00　X100　Z100;
Z−37;	M30;

【知识拓展】

一、G75 切槽,直接切到槽底,然后回退

格式:

G75　X(U)＿　Z(W)＿　Q＿　I＿　F＿;

说明:

X:绝对值编程时,槽底终点在工件坐标系下的坐标;增量值编程时,槽底终点相对于循环起点的有向距离,用 U 表示。

Z:绝对值编程时,槽宽的终点在工件坐标系下的坐标;增量值编程时,槽的宽度(没有考虑刀具宽度),用 W 表示。

Q:每次进刀的深度,只能为正值。

I:轴向移动量。

F:进给速度。

二、梯形（V 形）槽的车削方法

梯形槽在加工时,应分为两种切槽方式来完成:首先用车削直槽的方式在中间切去矩形部分;然后确定切槽刀的左刀尖(或右刀尖)为刀位点,在切槽的同时,将槽左侧(或右侧)以倒角斜向进给的方式,切掉左右呈三角形的部分。

如图 7.11 所示,切削加工步骤为 1→2→3 或 1→3→2。

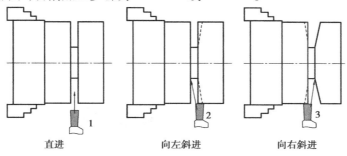

直进 向左斜进 向右斜进

图 7.11 梯形槽的切法

三、切槽加工的要求

①切槽、切断刀在装夹时,刀刃要与工件轴线平行且与工件中心等高,与轴线平行是保证槽底平整,与中心等高是在切断时不会造成崩刀。

②切槽刀的宽度必须小于或等于槽宽。切宽槽时,切槽刀的轴向移动距离要小于刀头宽度。

③只要是切槽、切断,进给速度 F 尽可能设小一点,通常设 F40 左右;转速一般为 300～500 r/min。

【思考与练习】

简答题

1. 切槽与切断有何异同?

2. 切槽刀有哪些安装要求?

3. 用什么方法可减少切槽和切断时产生的振动和防止刀体折断?

4. 切槽时,对主轴转速和进给速度有什么要求?

项目八　螺纹编程与车削

【相关知识】

知识一　螺纹基本术语及参数

一、三角形螺纹的基本术语

普通螺纹、英制螺纹和管螺纹的牙型都是三角形,故称三角形螺纹。

1.普通螺纹的牙型

普通螺纹是应用最广泛的一种三角形螺纹。它分为粗牙普通螺纹和细牙普通螺纹两种。当公称直径相同时,细牙普通螺纹的螺距比粗牙普通螺纹的螺距小。粗牙普通螺纹的螺距不标注,普通螺纹的牙型角为$60°$,如图8.1所示。

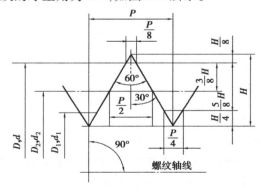

图 8.1　螺纹的牙型和 3 个直径

2.螺纹的线数 n

螺纹的线数 n 为

$$\text{线数 } n = \frac{\text{导程 } L}{\text{螺距 } P}$$

即

$$L = nP$$

3. 螺纹的旋向

螺纹有右旋螺纹(正旋螺纹)和左旋螺纹(反旋螺纹)两种,也称正丝和反丝。

4. 螺旋线及螺旋升角

单线螺纹只有 1 条螺旋线,其导程等于螺距;双线螺纹有两条螺旋线,以此类推。螺距越大,螺旋升角也越大,加工难度也越大,车刀刃磨要求越高。

5. 普通螺纹基本要素及计算

普通螺纹基本要素及计算见表 8.1。

表 8.1　普通螺纹基本要素及计算

基本参数	外螺纹	内螺纹	计算公式
牙型角	α		$\alpha = 60°$
螺纹大径 (公称直径)	d	D	$d = D$
螺纹中径	d_2	D_2	$d_2 = D_2 = d - 0.649\,5P$
牙型高度	h_1		$h_1 \approx 0.65\,P$　(半径值) $h_1 \approx 1.3\,P$　(直径值)
螺纹小径	d_1	D_1	$d_1 = D_1 = d - 1.082\,5P$

二、车削三角形外螺纹的工艺准备

1. 对工件的工艺要求

车削三角形外螺纹前,对工件的主要工艺要求有:

①为保证车削后的螺纹牙顶处有 $0.125P$ 的宽度,外螺纹车削前的外圆直径应车削至比螺纹公称直径约小 $0.13P$。

②外圆端面处倒角至约小于螺纹小径。

③有退刀槽的螺纹,螺纹车削前,应先加工退刀槽。退刀槽的直径应小于螺纹小径,退刀槽宽度为 $(2 \sim 3)P$。

④内螺纹的光孔直径按下面的经验公式计算。

脆性材料(铸铁、青铜等)光孔直径为

$$D_{\text{孔}} = d(\text{公称直径}) - 1.1P$$

塑性材料(钢、紫铜等)光孔直径为

$$D_孔 = d\,(公称直径) - P$$

2. 切削用量的选择

常用螺纹切削的进给次数与背吃刀量见表8.2。

表8.2 常用螺纹切削的进给次数与背吃刀量

米制螺纹							
螺距	1.0	1.5	2	2.5	3	3.5	4
牙深(半径量)	0.649	0.974	1.299	1.624	1.949	2.273	2.598
切削次数及吃刀量(直径量)	1 次 0.7	0.8	0.9	1.0	1.2	1.5	1.5
	2 次 0.4	0.6	0.6	0.7	0.7	0.7	0.8
	3 次 0.2	0.4	0.6	0.6	0.6	0.6	0.6
	4 次	0.16	0.4	0.4	0.4	0.6	0.6
	5 次		0.1	0.4	0.4	0.4	0.4
	6 次			0.15	0.4	0.4	0.4
	7 次				0.2	0.2	0.4
	8 次					0.15	0.3
	9 次						0.2

车削三角形螺纹时,应根据工件的材质、螺纹的牙型角和螺距的大小以及所处的加工阶段(粗车还是精车)等,合理选择切削用量。

①由于螺纹车刀两切削刃夹角较小,散热条件差。因此,螺纹切削速度应比车削外圆时低,一般主轴转速取 300 ~ 500 r/min。

②粗车第一、第二刀时,螺纹车刀刚切入工件,总的切削面积不大,可选择较大的背吃刀量,以后每次进给的背吃刀量应逐步减小;精车时,背吃刀量更小,排出的切屑很薄(像锡箔一样),以获得小的表面粗糙度值。

知识二 螺纹切削 G32 的参数说明

一、螺纹切削 G32 的格式及参数说明

格式:

G32 X(U)__ Z(W)__ R__ E__ P__ F/(I)__;

说明：

X,Z：绝对编程时,有效螺纹终点在工件坐标系中的坐标。

U,W：增量编程时,有效螺纹终点相对于螺纹切削起点的位移量。

F：螺纹导程,即主轴每转一圈,刀具相对于工件的进给值。

I：英制螺纹的导程;单位:牙/1 in。

R,E：螺纹切削的退尾量,R 表示 Z 向退尾量;E 为 X 向退尾量,R,E 在绝对或增量编程时都是以增量方式指定,其为正表示沿 Z,X 正向回退,为负表示沿 Z,X 负向回退。使用 R,E 可免去退刀槽。R,E 可省略,表示不用回退功能;根据螺纹标准 R 一般取 0.75 ~ 1.75 倍的螺距,E 取螺纹的牙型高。

P：主轴基准脉冲处距离螺纹切削起始点的主轴转角。

螺纹车削加工为成形车削,且切削进给量较大,刀具强度较差,一般要求分数次进给加工。

注意：

①从螺纹粗加工到精加工,主轴的转速必须保持一常数。

②在没有停止主轴的情况下,停止螺纹的切削将非常危险。因此,螺纹切削时,进给保持功能无效,如果按下"进给保持"键,在加工完螺纹后停止运动。

③在螺纹加工中,不使用恒定线速度控制功能。

④在螺纹加工轨迹中,应设置足够的升速进刀段 δ 和降速退刀段 δ′,以消除伺服滞后造成的螺距误差。

二、应用举例

如图 8.2 所示的圆柱螺纹编程,螺纹导程为 F = 1.5 mm,δ = 5 mm,δ′ = 1 mm,每次吃刀量(直径值)分别为 0.8,0.6,0.4,0.16 mm。

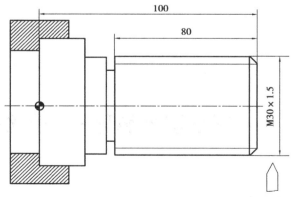

图 8.2　G32 螺纹编程实例

三、程序编写思路分析

该零件是较简单的有退刀槽的单线普通螺纹。设退刀槽尺寸为 4×5,这次设零件的左端面中心为工件坐标系原点,不考虑外圆加工和切槽加工(已学过),只考虑了用 G32 指令编写加工螺纹程序。

编制程序如下:

%0801;

N1	M03	S300	T0404;	
N2	G00	X29.2	Z105;	(到螺纹起点,升速段 5 mm,吃刀深 0.8 mm)
N3	G32	Z19	F1.5;	(切削螺纹到螺纹切削终点,降速段 1 mm)
N4	G00	X40;		(X轴方向快退)
N5	Z105;			(Z轴方向快退到螺纹起点处)
N6	X28.6;			(X轴方向快进到螺纹起点处,吃刀深 0.6 mm)
N7	G32	Z19	F1.5;	(切削螺纹到螺纹切削终点)
N8	G00	X40;		(X轴方向快退)
N9	Z105;			(Z轴方向快退到螺纹起点处)
N10	X28.2;			(X轴方向快进到螺纹起点处,吃刀深 0.4 mm)
N11	G32	Z19	F1.5;	(切削螺纹到螺纹切削终点)
N12	G00	X40;		(X轴方向快退)
N13	Z105;			(Z轴方向快退到螺纹起点处)
N14	U−11.96;			(X轴方向快进到螺纹起点处,吃刀深 0.16 mm)
N15	G32	W−82.5	F1.5;	(切削螺纹到螺纹切削终点)
N16	G00	X40;		(X轴方向快退)
N17	X50	Z120;		(回对刀点)
N18	M05;			(主轴停)
N19	M30;			(主程序结束,并复位)

知识三　螺纹切削循环 G82 的编程

一、圆柱直螺纹切削循环 G82 的格式及参数说明

格式:

G82　X(U)__　Z(W)__　R__　E__　C__　P__　F__;

简化格式:

G82 X(U)__ Z(W)__ F__; （无退尾量的单线螺纹）

说明：

X,Z:绝对值编程时,螺纹终点 C 在工件坐标系下的坐标;增量值编程时,螺纹终点 C 相对于循环起点 A 的有向距离,图形中用 U,W 表示,其符号由轨迹 1 和 2 的方向确定。

R,E:螺纹切削的退尾量,R,E 均为向量;R 为 Z 向回退量;E 为 X 向回退量;R,E 可省略,表示不用回退功能。

C:螺纹头数,即 0 或 1 时切削单头螺纹。

P:单头螺纹切削时,主轴基准脉冲处距离切削起始点的主轴转角(缺省值为 0);多头螺纹切削时,相邻螺纹头的切削起始点之间对应的主轴转角。

F:螺纹导程。

该指令执行如图 8.3 所示 A→B→C→D→A 的轨迹动作。

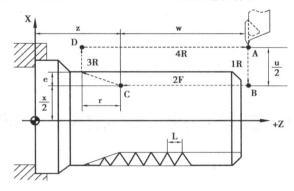

图 8.3 G82 直螺纹切削循环图解

注意：

螺纹切削循环同 G32 螺纹切削一样,在进给保持状态下,该循环在完成全部动作之后才停止运动。

二、圆锥螺纹切削循环 G82 的格式及参数说明

格式：

G82 X(U)__ Z(W)__ I__ R__ E__ C__ P__ F(J)__;

说明：

X,Z:绝对值编程时,螺纹终点 C 在工件坐标系下的坐标;增量值编程时,螺纹终点 C 相对于循环起点 A 的有向距离,图形中用 U,W 表示。

I:螺纹起点 B 与螺纹终点 C 的半径差。其符号为差的符号(无论是绝对值编程,还是增量值编程)。

R,E:螺纹切削的退尾量,R,E 均为向量;R 为 Z 向回退量,E 为 X 向回退量;R,E 可省略,表示不用回退功能。

C:螺纹头数,即 0 或 1 时切削单头螺纹。

P:单头螺纹切削时,主轴基准脉冲处距离切削起始点的主轴转角(缺省值为 0);多头

螺纹切削时,相邻螺纹头的切削起始点之间对应的主轴转角。

F:螺纹导程。

J:英制螺纹每英寸有多少牙(导程)。

该指令执行如图 8.4 所示 A→B→C→D→A 的轨迹动作。

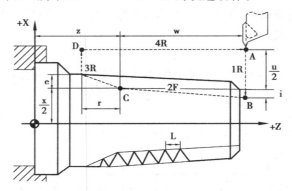

图 8.4　G82 锥螺纹切削循环图解

知识四　螺纹切削复合循环 G76 的编程

下面介绍螺纹切削复合循环 G76 的格式及参数说明。

格式:

G76　C__　A__　R__　E__　X__　Z__　I__　K__　U__　V__　Q__　P__　F__;

说明:

螺纹切削复合循环 G76 执行加工轨迹。单边切削及参数如图 8.5 所示。

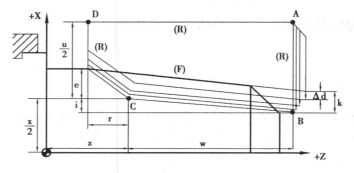

图 8.5　G76 加工轨迹路线

C:精整次数(1～99),为模态值。

R:螺纹 Z 向退尾长度(00～99),为模态值。

E:螺纹 X 向退尾长度(00～99),为模态值。

A:刀尖角度(两位数字),为模态值;在60°,55°,40°,30°和29°这5个角度中选一个。

X,Z:绝对值编程时,有效螺纹终点 C 的坐标;增量值编程时,有效螺纹终点 C 相对于循环起点 A 的有向距离。

I:螺纹两端的半径差;如 i = 0,为直螺纹(圆柱螺纹)切削方式。

K:螺纹高度;该值由 X 轴方向上的半径值指定。

U:精加工余量(半径值)。

V:最小切削深度(半径值)。

Q:第一次切削深度(半径值)。

P:主轴基准脉冲处距离切削起始点的主轴转角。

F:螺纹导程(同 G32)。

注意:按 G76 段中的 X 和 Z 指令实现循环加工。增量编程时,要注意 U 和 W 的正负号(由刀具轨迹 AC 和 CD 段的方向决定)。

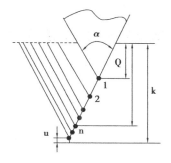

图 8.6　G76 单边切削及参数

G76 循环进行单边切削,减小了刀尖的受力。第一次切削时,切削深度为 Q = Δd,如图 8.6 所示。

【项目训练】

任务一　用螺纹切削循环 G82 加工螺纹

如图 8.7 所示,试用 G82 指令编程,毛坯外形已加工完成。

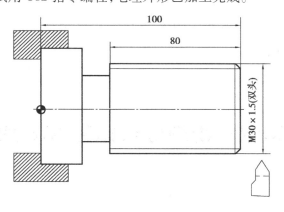

图 8.7　G82 螺纹切削循环编程实例

一、零件图分析

根据要求,该零件只需车削右端的螺纹即可。右端的外轮廓、中间的宽退刀槽事先都已加工好。由螺纹标注可知,该螺纹是双线螺纹,线数 C 为 2,导程 F 是 3,螺距是 1.5,主轴转角 P 为 180°。

二、确定装夹方式和编程原点

装夹方法如图 8.7 所示,以零件左端面中心为程序原点,建立工件坐标系。

三、编制加工工艺卡

加工工艺卡见表 7.1。螺纹加工转速定为 500 r/min。

四、刀量具准备

60°螺纹车刀 1 把,对刀板 1 块,螺纹规 1 把。

五、编制程序

编制程序如下:

```
%0802;                              (程序名)
T0303  M03  S500;                   (调出螺纹车刀,以 500 r/min 正转)
G00  X31  Z105;                     (快速到起刀点)
G82  X29.2  Z18.5  C2  P180  F3;    (第一次循环切螺纹,切深 0.8 mm)
G82  X28.6  Z18.5  C2  P180  F3;    (第二次循环切螺纹,切深 0.4 mm)
G82  X28.2  Z18.5  C2  P180  F3;    (第三次循环切螺纹,切深 0.4 mm)
G82  X28.04  Z18.5  C2  P180  F3;   (第四次循环切螺纹,切深 0.16 mm)
G00  X100  Z100;
M30;                                (主轴停、主程序结束,并复位)
```

任务二　用螺纹切削复合循环 G76 加工直螺纹

如图 8.8 所示的圆柱直螺纹,试用 G71 指令写出外轮廓加工程序,G01 切槽,用 G76 指令编写螺纹加工程序。

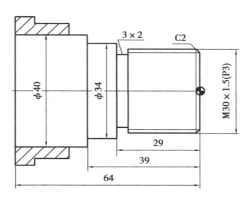

图 8.8　G76 复合循环切削编程实例

一、零件图分析

该零件只车削右端部分,左端装夹部分为 $\phi40$ 的毛坯不需加工。毛坯尺寸为 $\phi40 \times 64$ mm,有两个台阶,中间的退刀槽 3×2 较窄且刚好等于刀宽,螺纹是双线、螺距为 1.5、导程为 3 的右旋螺纹。

二、确定装夹方式和编程原点

装夹方法如图 8.8 所示。选右端中心为程序原点。

三、编制加工工艺卡

加工工艺卡见表 8.3。

表 8.3　加工工艺卡

实训项目	零件名称	数控系统	材料	毛坯尺寸	
项目八	宽沟槽轴	华中 HNC-21T	45 钢	$\phi50 \times 60$	
装夹定位简图	见图 8.8				
程序名称	所用指令	T 刀具	切削用量		
			主轴转速 S /($r \cdot min^{-1}$)	进给量 F /($mm \cdot min^{-1}$)	
%0808	G76	外圆车刀	900/1200	120	
		切槽车刀、螺纹车刀	400	40	

四、刀量具准备

外圆车刀 1 把,60°螺纹 1 把,螺纹规 1 把,对刀板 1 块,游标卡尺 1 把。

五、编制加工程序

编制加工程序,见表8.4。

表8.4　加工程序

%0808	
T0101　M03　S900；　　（外圆车刀）	T0202　S400；　　（调出切槽刀）
G00　X41　Z5；	G00　X40　Z−29；
G71　U1　R1　P1　Q2　X0.3　F120；	G01　X26　F40；　　（切槽进刀）
S1200；　　（精车转速1 200 r/min）	X40　F120；　　（退出切刀）
N1　G1　X26　Z0　F80；　　（精车开始）	G00　X100　Z100；
X30　Z−2；	T0303；　　（调出螺纹车刀）
Z−29；	G00　X31　Z10；
X34；	G76　C2　A60　X28.04　Z−27；　　（续后） K0.98　U0.1　V0.01　Q0.3　P180　F3；
Z−39；	G0　X100；
N2　X41；　　（精车结束）	Z100；
G0　X100　Z100；	M30；

【知识拓展】

一、车削螺纹时的转速的确定

大多数经济型数控车床的数控系统,推荐切削螺纹时的主轴转速为

$$n \leqslant \frac{1\,200}{P} - K$$

式中　P——螺距或导程,mm;

　　　K——保险系数,取80。

二、车削内外螺纹前直径及螺纹底径的计算方法

①对外螺纹加工,径向起点(编程大径)的确定取决于螺纹大径;径向终点(编程小径)的确定取决于螺纹小径。

②对普通螺纹,可用粗略算法来编制程序。通常外螺纹大径 d 比公称直径约小,内螺纹的小径(光孔直径)比公称直径要小。其计算公式如下:

外螺纹大径为

$$d = 0.12P$$

内螺纹光孔直径为

$$D = d - P$$

③螺纹牙型高度的经验公式为

$$h = 0.65P$$

按直径编程方法时，$h' = 1.3P$。

【思考与练习】

简答题

1. 螺纹车刀的哪个位置为刀位点？试述其对刀的操作方法。

2. 加工螺纹要注意哪些方面的问题？

3. 要加工 $M36 \times 2$ 的螺纹，其转速应控制在多少较为合适？

项目九　套类零件编程与车削

【相关知识】

知识一　套类零件内孔的加工方法

一、钻孔

　　用麻花钻将工件钻出孔的方法,称为钻孔。在车床上钻孔(见图9.1),工件装夹在卡盘上,钻头安装在尾架套筒锥孔内。钻孔前,先车平端面,车出一个中心孔,或先用中心钻钻中心孔作为引导。钻孔时,摇动尾架手轮使钻头缓慢进给。注意,要经常退出钻头,以便排屑。钻孔进给不能过猛,以免折断钻头。

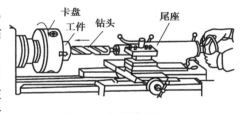

图9.1　车床钻孔加工

二、钻孔时的注意事项

钻孔时的注意事项如下:

①起钻时,进给量要小。待钻头头部全部进入工件后,才能正常钻削。

②钻钢件时,应加冷却液,以防止钻头发热而退火。

③钻小孔或钻较深孔时,铁屑不易排出。必须经常退出钻头,以便排屑,否则会因铁屑堵塞而使钻头"咬死"或折断。

④钻小孔时,转速要快。钻头的直径越大,转速应越慢。

⑤当钻头将要钻通工件时,由于钻头横刃首先钻出,因此,轴向阻力大减。这时,进给速度必须减慢,否则钻头容易被工件卡死。

三、车孔

在车床上对工件的孔进行车削的方法,称为车孔,又称镗孔。车孔可作粗加工,也可作精加工。车孔分为车通孔和车不通孔,如图9.2所示。车通孔基本上与车外圆相同,只是进刀和退刀方向相反。粗车和精车内孔时,也要进行试切和试测,其方法与车外圆相同。注意,通孔车刀的主偏角为45°~75°,不通孔车刀主偏角为大于90°。

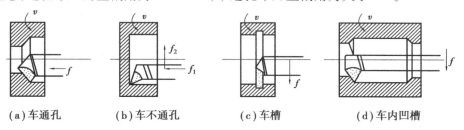

(a)车通孔　　　　(b)车不通孔　　　　(c)车槽　　　　(d)车内凹槽

图9.2　内孔的加工形式

知识二　车削内孔时起刀点与退刀路线的选择

走刀路线是指数控加工过程中刀具相对于加工零件的运动轨迹。数控车床加工走刀路线的合理选择是非常重要的,特别是数控车削内孔和加工内螺纹时,不是吃刀量太大,就是刀具撞上不该碰触的位置,容易造成刀具损坏和零件报废。

合理规划走刀路线,主要考虑以下3点:

①内孔加工时,起刀点最好设为:X向比钻孔直径小一点,Z向离右端面有一短距离,如图9.3所示。

②加工完成后的退刀路线,要考虑刀具不能碰触内孔任何位置,与外圆车削时的路线完全不同,先沿 −X 向少许退刀,后沿 +Z 向退出孔外,再考虑 +X 向和 +Z 向退到换刀点。特别说明,刀具在孔中时,不能同时考虑 +X 向和 +Z 向同时退刀编程方式,否则会撞刀,如图9.4所示。

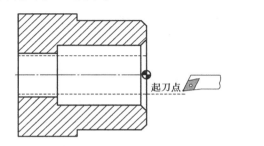　　　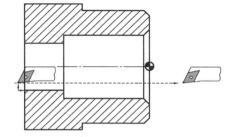

图9.3　车孔起刀点设置　　　　图9.4　车孔退刀路线设计

③为方便数值计算,应寻求最短的加工路线,减少走空刀,以提高加工效率。

知识三　车套类零件的对刀方法

一、内孔车刀的对刀

华中 HNC-21T 数控系统在开机回零并将内孔车刀轻轻接触旋转中的工件右端面后，在刀具保持不动的前提下，依次选刀具补偿、刀偏表，选择刀号后输入试切长度"0"，按"Enter"键确定，即 Z 向对刀完成；同样将内孔车刀车削孔口一小段孔径，只是朝 + Z 向快速退刀离开，再停转，测量出直径；将此直径值输入试切直径栏里，按"Enter"键确定，即 X 向对刀完成。

二、内沟槽刀的对刀

内沟槽刀的对刀基本上与内孔车刀相似，只要把内沟槽刀完全当成内孔车刀用即可。所不同的是在车削孔径时，吃刀深度必须要小才行。其操作方法和步骤与内孔车刀相同。

三、内螺纹车刀的对刀

内螺纹车刀的对刀基本上与内孔车刀也相似，只要把内螺纹车刀完全当成内孔车刀用即可。所不同的是在用内螺纹车刀车削孔径时，吃刀深度必须要小、进给速度更慢才行，并且在 Z 向对刀时刀位点是刀尖，只要将刀尖瞄准右端面即可。其操作方法和步骤与内孔车刀相同。

【项目训练】

任务一　套类零件的编程与加工

车削如图 9.5 所示。该零件外轮廓尺寸 $\phi45 \times 25$，需要在钻孔后，车削台阶、通孔，并设计出该零件的加工步骤和加工程序。

一、零件图分析

该零件可用一次装夹完成加工。首先车削外圆结构，然后换内孔车刀加工 $\phi16$ 和 $\phi23$ 内孔，最后换内沟槽车刀切内沟槽 3×2。

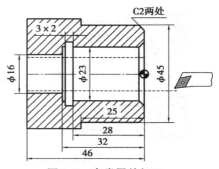

图 9.5　套类零件加工

二、确定装夹方式和编程原点

材料选用 45 钢,毛坯料取 $\phi 50 \times 48$ mm,伸出长 30 mm 夹紧,以右端面中心为程序原点。

三、加工步骤设计

①先平端面,用 $\phi 14$ 麻花钻钻通孔。
②用内孔车刀车出 $\phi 16$ 和 $\phi 23$。
③内沟槽车刀切槽 3×2。
④调外圆车刀车削外轮廓尺寸 $\phi 45 \times 25$。

四、编制加工工艺卡

编制加工工艺卡,见表 9.1。

表 9.1 加工工艺卡

实训项目	零件名称	数控系统	材料	毛坯尺寸		
项目九	内槽套	华中 HNC-21T	45 钢	$\phi 50 \times 48$		
装夹定位简图	内孔刀的起刀点					
程序名称	麻花钻	T 刀具	切削用量			
			主轴转速 S /(r·min^{-1})	进给量 F /(mm·min^{-1})	切削深度 a_p /mm	
%0901	$\phi 14$	外圆车刀	1 000	120	1	
		内孔车刀	800	100	0.5	
		内沟槽刀	400	40		

五、刀量具准备

外圆车刀 1 把,3 mm 宽内沟槽刀 1 把,内孔车刀 1 把,游标卡尺 1 把,$\phi 14$ 麻花钻 1

支,5~30 mm 内测千分尺 1 把。

六、编制程序

编制程序如下：

%0901；

T0101　M03　S800；　　　　　　　　　（内孔车刀,主轴以 800 r/min 正转）

G00　X15　Z10；

G71　U1　R1　P1　Q2　X−0.3　F100；

N1　G01　X27　F70；

Z0；

X23　Z−2；

Z−32；

X16；

Z−47；

N2　X15；

G00　Z200；

G00　X100；

T0202　S400；

G00　X22　Z5；

Z−31；

G01　X27　F40；

X22；

G00　Z200；

X100；

T0303　S1000；

G00　X50　Z5；

G71　U1　R1　P3　Q4　X0.5　F100；

S1400；

N3　G01　X36　Z0　F70；

X40　Z−2；

Z−25；

N4　X51；

G00　X100　Z100；

M30；

任务二　内螺纹车削的编程与加工

加工如图 9.6 所示的螺纹轴套。该零件外轮廓已加工成形,需要车削内部结构,包括内沟槽及 M24×2H6 内螺纹,左端孔口倒角 C2。

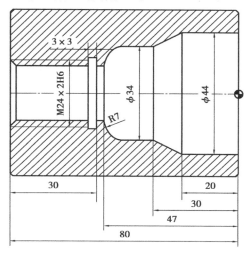

图 9.6　螺纹轴套

一、零件结构图分析

该零件只需加工内部结构的台阶、圆弧、内锥、3×3 沟槽、M24×2 内螺纹,因零件较长,镗刀刀杆刚性差,考虑分左右两次装夹加工内腔体结构,左端 M24 光孔与内沟槽单独加工,可计算左端光孔直径为

$$D_{孔} = D - 1.1P$$
$$= 24 \ \text{mm} - 1.1 \times 2 \ \text{mm}$$
$$= 21.8 \ \text{mm}$$

二、确定编程原点

两次装夹均以装夹时右端面中心为工件坐标系原点。

三、编制加工工艺卡

编制加工工艺卡,见表 9.2。

表9.2 加工工艺卡

实训项目	零件名称	数控系统	材料	毛坯尺寸
项目九	内槽套	华中 HNC-21T	45 钢	$\phi 50 \times 82$
量具	0.02 mm 游标卡尺,25 ~ 50 mm 千分尺,M24 × 2H6 的塞规	切削用量		
		主轴转速 S /(r·min^{-1})	进给量 F /(mm·min^{-1})	切削深度 a_p /mm
T 刀具	内孔车刀	800	100	0.5
	内槽车刀 3 mm 宽	400	40	
	内螺纹车刀 60°	400	螺距 2 mm	
钻孔	$\phi 19$ 麻花钻	400	手动进给	

四、加工步骤

①用 $\phi 19$ 麻花钻通孔(手动完成)(注:钻孔时,可加切削液冷却钻头)。
②用内孔车刀车右端内腔体结构至 R7 处。
③调头装夹,车孔至 $\phi 21.8$,包括倒角 C2。
④调内沟槽刀车槽至 3 × 3。
⑤调内螺纹车刀车 M24 × 24H6 螺纹。

五、编制程序

编制程序如下:
%0902; 　　　　　　　　　　(右端程序)
T0101　M03　S800;
G00　X19　Z5;
G71　U0.5　R1　P1　Q2　X − 0.3　F100;
N1　G01　X44　F60;
Z − 20;
X34　Z − 30;
W − 10;
G03　X20　Z − 47　R7;
N2　G01　X19;
G00　Z100;
G00　X100;
M30;

%0903；   （左端程序）

T0101   M03   S800；   （内孔加工）

G00   X19   Z10；

G71   U0.5   R1   P1   Q2   X－0.3   F100；

N1   G01   X25.8   Z0   F80；

X21.8   Z－2；

Z－34；

N2   X20；

G00   Z200；

X100；

T0202   S400；   （内沟槽加工）

G00   X20   Z10；

G01   Z－30；

G75   X24.8   R1   Q2   F40；

G01   Z200；

G00   X100；

T0303；   （内螺纹加工）

G00   X21.8   Z10；

G76   C2   A60   X24.6   Z－28   K1.3   U0.1   V0.01   Q0.2   F2；

G00   X100   Z100；

M30；

【知识拓展】

一、内孔车刀的装夹方法

①刀尖应与工件中心等高或稍高。如果装夹时低于中心,因切削抗力的作用,容易将刀柄压低而产生扎刀现象,故造成孔径扩大。

②刀柄伸出刀架不宜过长,一般比被加工孔长5~6 mm 即可。

③刀柄应基本平行于工件轴线,否则在车削到一定深度时,后半部容易碰到工件孔口。

④盲孔车刀装夹时,内偏刀的主刀刃应与孔底平面成3°~5°。在车平面时,要求横向有足够的退刀余量。

二、加工内孔时切削用量的选择

内孔车削时,由于刀杆伸出较长,刚性变差,易弯曲变形而产生振动,损坏刀尖,还会形成振纹而影响尺寸精度。因此,为避免振动,应降低转速,尽量缩短刀杆,切削深度设置要小,进给速度也不能太大。

【思考与练习】

简答题

1. 试述内孔车刀的对刀过程。

2. 加工内孔时,起刀点应选择在什么位置?

3. 为防止撞刀,内孔加工完成后退刀路线应怎样设计?

项目十　宏程序编程

【相关知识】

知识一　宏程序概述

　　HNC-21/22T 为用户配备了强有力的类似于高级语言的宏程序功能,用户可使用变量进行算术运算、逻辑运算和函数的混合运算。此外,宏程序还提供了循环语句、分支语句和子程序调用语句,利于编制各种复杂的零件加工程序,减少乃至免除手工编程时进行烦琐的数值计算,以及精简程序量。

一、什么是宏程序

　　简单地说,宏程序是一种具有计算能力和决策能力的数控程序。宏程序具有以下特点:

1. 使用了变量或表达式(计算能力)

例如:

①G01　　X[3 +5]　　　　　　有表达式 3 +5

②G00　　X4 F[#1]　　　　　　有变量#1

③G01　　Y[50 ∗ SIN[3]]　　　有函数运算

2. 使用了程序流程控制(决策能力)

例如:

①IF #3 GE 9　　　　　　　有选择执行命令

…

ENDIF

②WHILE #1 LT #4 ∗ 5　　　有条件循环命令

…

ENDW

二、用宏程编程的好处

①宏程序引入了变量和表达式,还有函数功能,具有实时动态计算能力,可以加工非圆曲线,如抛物线、椭圆、双曲线、三角函数曲线等。

②宏程序可以完成图形一样、尺寸不同的系列零件的加工。

③宏程序可以完成工艺路径一样、位置不同的系列零件的加工。

④宏程序具有一定的决策能力,能根据条件选择性地执行某些部分。

⑤使用宏程序能极大地简化编程,精简程序,适合于复杂零件加工的编程。

知识二　宏变量及宏常量

一、宏变量

先看一段简单的程序:

G00　X25.0

上面的程序在 X 轴作一个快速定位,其中数据 25.0 是固定的,引入变量后可以写成:

#1 = 25.0　　　　　　　　　（#1 是一个变量）

G00 X[#1]　　　　　　　　　（#1 就是一个变量）

宏程序中,用"#"号后面紧跟 1～4 位数字表示一个变量,如#1,#50,#101,…变量有什么用呢? 变量可以用来代替程序中的数据,如尺寸、刀补号、G 指令编号等,变量的使用给程序设计带来了极大的灵活性。

使用变量前,变量必须带有正确的值。例如:

#1 = 25

G01 X[#1]　　　　　　　　　（表示 G01 X25）

#1 = -10　　　　　　　　　（运行过程中可以随时改变#1 的值）

G01 X[#1]　　　　　　　　　（表示 G01 X-10）

用变量不仅可表示坐标,还可表示 G,M,F,D,H,M,X,Y,…各种代码后的数字,例如:

#2 = 3

G[#2] X30　　　　　　　　　（表示 G03 X30）

变量说明:

#0 ~ #49　　　　　　　　　（当前局部变量）

#50 ~ #199　　　　　　　　（全局变量）

#200 ~ #249   （0 层局部变量）

#250 ~ #299   （1 层局部变量）

#300 ~ #349   （2 层局部变量）

#350 ~ #399   （3 层局部变量）

#400 ~ #449   （4 层局部变量）

#450 ~ #499   （5 层局部变量）

#500 ~ #549   （6 层局部变量）

#550 ~ #599   （7 层局部变量）

注:用户编程仅限使用#0 ~ #599 局部变量。#599 以后变量用户不得使用,只能供系统使用。

例如,使用了变量的宏子程序:

%1000

#50 = 20   （先给变量赋值）

M98 P1001   （然后调用子程序）

#50 = 350   （重新赋值）

M98 P1001   （再调用子程序）

M30

%1001

G91 G01 X[#50]   （同样一段程序,#50 的值不同,X 移动的距离就不同）

M99

1. 局部变量

编号#0 ~ #49 的变量是局部变量,局部变量的作用范围是当前程序(在同一个程序号内)。如果在主程序或不同子程序里,出现了相同名称(编号)的变量,它们不会相互干扰,值也可以不同。

例如:

%100

N10 #3 = 30   （主程序中#3 为 30）

M98 P101   （进入子程序后#3 不受影响）

#4 = #3   （#3 仍为 30,所以#4 = 30）

M30

%101

#4 = #3   （这里的#3 不是主程序中的#3,所以#3 = 0(没定义),
                                    则#4 = 0）

#3 = 18   （这里使#3 的值为 18,不会影响主程序中的#3）

M99

2. 全局变量

编号#50 ~ #199 的变量是全局变量(其中,#100 ~ #199 也是刀补变量)。全局变量的作用范围是整个零件程序,不管是主程序还是子程序,只要名称(编号)相同就是同一个变量,带有相同的值,在某个地方修改它的值,所有其他地方都受影响。

例如:

%100

N10 #50 = 30　　　　　　　　　　　(先使#50 为30)

M98 P101　　　　　　　　　　　　　(进入子程序)

#4 = #50　　　　　　　　　　　　　(#50 变为18,所以#4 = 18)

M30

%101

#4 = #50　　　　　　　　　　　　　(#50 的值在子程序里也有效,所以#4 = 30)

#50 = 18　　　　　　　　　　　　　(这里使#50 = 18,然后返回)

M99

如果只有全局变量,由于变量名不能重复,就可能造成变量名不够用;全局变量在任何地方都可以改变它的值,这是它的优点,也是它的缺点。说是优点,是因为参数传递很方便;说是缺点,是因为当一个程序较复杂的时候,一不小心就可能在某个地方用了相同的变量名或者改变了它的值,造成程序混乱。局部变量的使用,解决了同名变量冲突的问题,编写子程序时,不需要考虑其他地方是否用过某个变量名。

在一般情况下,你应优先考虑选用局部变量。局部变量在不同的子程序里,可以重复使用,不会互相干扰。如果一个数据在主程序和子程序里都要用到,就要考虑用全局变量。用全局变量来保存数据,可以在不同子程序间传递、共享,以及反复利用。

刀补变量(#100 ~ #199)。这些变量里存放的数据可以作为刀具半径或长度补偿值来使用。例如:

#100 = 8

G41 D100　　　　　　　　　　　　(D100 是指加载#100 的值8 作为刀补半径)

注意:上面的程序中,如果把 D100 写成了 D[#100],则相当于 D8,即调用 8 号刀补,而不是补偿量为 8。

3. 系统变量

#300 以上的变量是系统变量。系统变量是具有特殊意义的变量,它们是数控系统内部定义好的,不可以改变它们的用途。系统变量是全局变量,使用时可以直接调用。

#0 ~ #599 是可读写的,#600 以上的变量是只读的,不能直接修改。

其中,#300 ~ #599 是子程序局部变量缓存区。这些变量在一般情况下,不用关心它的存在,也不推荐使用它们。要注意同一个子程序,被调用的层级不同时,对应的系统变量也是不同的。#600 ~ #899 是与刀具相关的系统变量。#1000 ~ #1039 是与坐标相关的系统变量。#1040 ~ #1143 是与参考点相关的系统变量。#1144 ~ #1194 是与系统状态相关的系统变量。

有时需要判断系统的某个状态,以便程序作相应的处理,就要用到系统变量。

二、宏常量

PI:圆周率 π;TRUE:条件成立(真);FALSE:条件不成立(假)。

知识三　运算符与表达式

①算术运算符:加"＋",减"－",乘"＊",除"／"。

②条件运算符:EQ(＝),NE(≠),GT(＞);GE(≥),LT(＜),LE(≤)。

③逻辑运算符:且(AND),或(OR),非(NOT)。

在 IF 或 WHILE 语句中,如果有多个条件,用逻辑运算符来连接多个条件。

AND(且):多个条件同时成立才成立。

OR(或):多个条件只要有一个成立即可。

NOT(非):取反(如果不是)。

例如:

#1 LT 50 AND #1GT 20 　　　　(表示[#1＜50]且[#1＞20])

#3 EQ 8 OR #4 LE 10 　　　　(表示[#3＝8]或者[#4≤10])

有多个逻辑运算符时,可以用方括号来表示结合顺序。例如:

NOT[#1 LT 50 AND #1GT 20] (表示如果不是"#1＜50 且 #1＞20")

更复杂的例子,例如:

[#1 LT 50] 　AND　 [#2GT 20 OR #3 EQ 8] 　AND　 [#4 LE 10]Zzz6ZB2Ltk

④函数 SIN,COS,TAN,ATAN,ATAN2, ABS,INT,SIGN,SQRT,EXP。

正弦:SIN[a];余弦:COS[a];正切:TAN[a](a 为角度,单位是弧度值)。

反正切:ATAN[a](返回:度;范围:－90 ～ ＋90)。

反正切:ATAN2[a]/[b](返回:度;范围:－180 ～ ＋180)。

绝对值:ABS[a],表示|a|。

取整:INT[a],采用去尾取整,非"四舍五入"。

取符号:SIGN[a],a 为正数返回 1,0 返回 0,负数返回 －1。

开平方:SQRT[a]，表示$\sqrt{a}$。

指数:EXP[a],表示 e^a。

⑤表达式:用运算符连接起来的常数,宏变量构成表达式。

例如:

175/SQRT[2] ＊ COS[55 ＊ PI/180];

#3 ＊ 6 GT 14;

知识四　赋值语句

把常数或表达式的值送给一个宏变量,称为赋值。

格式:

宏变量 = 常数或表达式

例如:

#2 = 175/SQRT[2] * COS[55 * PI/180];

#3 = 124.0;

#50 = #3 + 12;

知识五　条件判别语句

格式(1):

IF 条件表达式

…

ELSE

…

ENDIF

格式(2):

IF 条件表达式

…

ENDIF

知识六　循环语句

格式:

WHILE 条件表达式

…

ENDW

条件判别语句的使用参见宏程序编程举例。

循环语句的使用参见宏程序编程举例。

用宏程序编制如图 10.1 所示抛物线 $Z = -X^2/2$ 在区间 $[0,8]$ 内的程序。

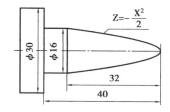 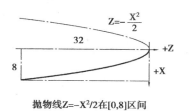

图 10.1 抛物线 $Z = -X^2/2$ 编程实例

```
%1001;
T0101   M03   S1200;
G00   X31   Z5;
#10 = 8;                              (X 坐标)
WHILE   #10GE0;                       (粗加工)
#11 = #10 * #10/2;                    (Z 坐标)
G90   G01   X[2 * #10 + 0.8]   F500;
Z[ -#11 + 0.05];
U2;
Z3;
#10 = #10 - 0.6;
ENDW;
#10 = 0;                              (X 坐标)
WHILE   #10   LE   8;                 (精加工)
#11 = #10 * #10/2;                    (Z 坐标)
G90   G01X[2 * #10]   Z[ -#11]F500;
#10 = #10 + 0.08;
ENDW;
G01   X16   Z -32;
Z -40;
X31;
G00   X100   Z100;
M30;
```

【项目训练】

任务 用宏程序编制抛物线 $Z = -X^2/8$ 在区间 $[0,16]$ 内的程序

加工如图 10.2 所示的零件,毛坯尺寸为 $\phi40 \times 60$ mm,左端结构不用加工。要求加工右端抛物线结构和 $\phi32$ 的圆柱体,用宏程序写出零件的程序。

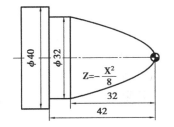 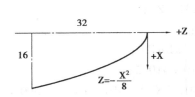

图 10.2 抛物线 $Z = -X^2/8$

【知识拓展】

系列零件加工是指不同规格的零件,形状基本相同,加工过程也相同,只是尺寸数据不一样。利用宏程序就可以编写出一个通用的加工程序。

例如,切槽的宏子程序:

%8002；

G92 X90 Z30；

M98 P8001 U10 V50 A20 B40 C3； (U,V,A,B,C 对应尺寸变量见图 10.3)

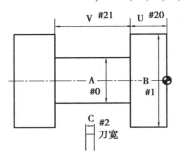

图 10.3 宽槽的加工

G00 X90；

Z30；

M30；

％8001；	（子程序）
G00 Z［－#20］；	（切刀 Z 向定位）
X［#1 +5］；	（接近工件,留 5 mm 距离）
#10 = #2；	（#10 已切宽度 + #2）
WHILE #10 LT #21；	（够切一刀）
G00　Z［－#20 －#10］；	（Z 向定位）
G01　X［#0］；	（切到要求深度）
G00　X［#1 +5］；	（X 退刀到工件外）
#10 = #10 + #2 －1；	（修改#10）
ENDW；	
G00　Z［－#21 －#20］；	（切最后一刀）
G01　X［#0］；	
G00　X［#1 +5］；	
M99；	

【思考与练习】

简答题

1. 什么是宏程序?

2. 宏程序具有哪些特点?

3. 用宏程序编程有哪些好处?

4. 什么时候用全局变量? 什么时候用局部变量?

项目十一　数控车削智能制造

【相关知识】

知识一　智能制造概述

随着"德国工业4.0"的提出,智能制造成为制造技术发展的主攻方向。"中国制造2025"和"美国工业互联网"等都从国家的战略角度明确了智能制造的核心地位。海尔、美的、长虹、海信等家电企业不断转型,对数控车床加工智能制造的关注度和青睐度更强。

从2019年以来在数控车床加工智能制造领域发生的几件大事来看,这些不同领域的变化,也警示了中国家电业在这个数控车床加工智能制造时代一定不能保守、封闭和自我,要紧跟时代变化的步伐。

日本川崎机器人在重庆投产。该生产基地采取最新型生产线,是川崎重工在中国西部唯一布局的机器人本体研发制造基地,项目一期将年产6 000台本体机器人,产品面向国内外各大汽车制造商、3C企业。之所以落地重庆,主要是看中了重庆在汽车和3C产业链下游的客户需求。

横河电机宣布和俄罗斯GazpromNeft公司达成协议,将在圣彼得堡成立国际创新中心。双方将在先进过程控制系统和其他解决方案方面为炼油厂的发展提供帮助,横河公司将向GazpromNeft优先提供控制系统,协助其在过程控制的先进技术领域培养工程师,持续扩大在俄罗斯的工业自动化业务。

中国首个自动驾驶示范区落户武汉。2016年的最后一个月,雷诺集团、东风雷诺汽车有限公司以及武汉蔡甸生态发展集团联合设立的自动驾驶示范区正式投入运营。这一示范区对普通游客开放,他们可尽情参与测试和体验那些自动驾驶车辆。据悉,该自动驾驶示范区位于武汉西部蔡甸区的中法武汉生态示范城,具体测试及体验地点是后官湖畔一条2 km长的道路,整个测试和体验将持续两年。

另外,温州大学打造激光与光电数控车床加工智能制造研究院;蔡司公司收购定位追踪技术公司Dacuda;ARM收购Allinea以解决服务器;阿里云与南凌科技打造一站式混合云。

可以看到,围绕智能技术、智能设备以及智能应用来自不同行业、不同领域的企业,已形成了"产学研"三方一体化的合作。对于中国家电企业来说,在数控车床加工智能制造的布局和转型中,也需要以更开放的胸怀,迎接全智能时代的到来。

实现智能制造的核心是信息处理和物理过程的深度融合,传统制造过程主要是在实体空间依靠生产设备制造产品,设备和过程本身很少或不产生数据,即使很少的数据信息也处于割裂状态,制造效率和自动化程度的提高主要靠物理设备。随着网络信息技术的发展,逐步发展为通过物联网和互联网进行人与人、人与机、机与机的协同和交互模式,进一步建立物理设备和过程的数字模型,不断进行仿真和优化,提高生产效率和效益,这就是所谓的CPS(Cyber Physical Systems)信息物理融合系统。面向智能制造的数控系统,必然是以CPS为基础构建的,它不再仅仅是机床设备的控制系统,而是成为工厂甚至整个智慧城市的一个智能节点。

一、智能制造的概念

"智能制造"是一个系统,可从制造和智能两个方面进行解读。

制造是指对原材料进行加工或再加工,以及对零部件进行装配的过程。制造按生产方式的连续性不同,可分为流程制造和离散制造(也有离散和流程混合的生产方式)。

智能是由"智慧"和"能力"两个词语构成的。从感觉到记忆再到思维这一过程,称为"智慧"。智慧的结果产生了行为和语言,将行为和语言的表达过程称为"能力",两者合称为"智能"。因此,将感觉、记忆、回忆、思维、语言、行为的整个过程,称为智能过程。它是智慧和能力的表现。智能制造不仅是智能技术的组合,也不局限于生产制造的业务领域,而且融合了当前最新技术,贯穿研发、制造、客户服务等的全价值链领域。

为了进一步落实"中国制造2025"的目标,2016年12月8日,工业和信息化部、财政部联合制定了《智能制造发展规划(2016—2020年)》。该规划对智能制造定义为:智能制造是基于新一代信息通信技术与先进制造技术深度融合,贯穿于设计、生产、管理、服务等制造活动的各个环节,具有自感知、自学习、自决策、自执行、自适应等功能的新型生产方式。推动智能制造,能有效缩短产品研制周期,提高生产效率和产品质量,降低运营成本和资源能源消耗,并促进基于互联网的众创、众包、众筹等新业态、新模式的孕育发展。

然而,由于我国技术基础薄弱以及地区发展不平衡,企业在智能制造实施和升级改造过程中往往不知从何做起。因此,之后将根据智能制造的描述性定义,对智能工厂、制造环节及装备智能化、网络互联互通、端到端数据流4个方面的内容进行介绍,以此来说明智能制造的主要内容。

二、智能工厂

智能工厂是实现智能制造的载体。在智能工厂中,通过生产管理系统、计算机辅助工具和智能装备的集成与互操作来实现智能化、网络化分布式管理,进而实现企业业务流程、工艺流程及资金流程的协同,以及生产资源(材料、能源等)在企业内部及企业之间的动态配置。

"工欲善其事,必先利其器。"实现智能制造的利器就是数字化、网络化的工具软件和制造装备。

知识二 智能数控系统的发展

在"工业4.0"及"互联网+"的背景下,数控系统的未来发展与竞争出现了新的变化,更多的竞争将会聚焦于如何利用互联网的优势,让数控系统的计算能力获得无限扩展,并且通过对分享经济等新兴商业模式的理解,合理打造与之相适应的功能成为未来的重要趋势。

一、数控系统智能化要求

从制造技术本身来看,数控系统的智能化在以下4个方面进行:操作智能化、加工智能化、维护智能化及管理智能化,如图11.1所示。

图 11.1 数控车床智能化的需求

机床在加工过程中通过采用各种传感器,借助实时监控和补偿技术,进一步提高机床性能。日本马扎克、大隈等公司在智能化方面提供了许多先进的技术,如主轴抑振、智能防碰撞等。沈阳机床i5数控提供了基于特征的编程和图形化诊断等功能。

二、基于云平台的数控系统

在云计算的基础上,德国斯图加特大学提出"全球本地化"(glocalized)云端数控系统。其概念如图11.2所示。可知,传统数控系统的人机界面、数控核心和PLC都移至云端,本地仅保留机床的伺服驱动和安全控制,在云端增加通信模块、中间件和以太网接口,通过路由器与本地数控系统通信。这样,云端有每一台机床的"数字孪生"(Digital Twin),在云端就可进行机床的配置、优化和维护,极大方便了机床的使用。实现所谓的控制器即服务 CaaS(Control as a Service)。

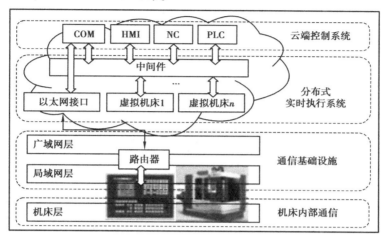

图 11.2　云端数控系统的概念

数字孪生是指特定物理对象的数字镜像,包括描述其几何、材料、组件及行为的设计规范和工程模型以及其所代表实体特有的生产和运营数据,成为形影不离的"伴侣",是物理对象属性及状态的最新和准确的实时镜像,包括形状、位置、状态及运动。机床的数字孪生可在多个信息域同时存在,有多个"化身",在产品设计阶段承担方案论证、结构和功能验证以及性能参数优化的作用;在构建工厂的规划阶段参与完成布局规划、系统优化模拟仿真等工作;在运行阶段进行加工状态判断和预测,实现机床的智能控制和预防性维护,直到产品报废终结,甚至在其后还存在。

三、互联网数控系统及其生态系统

在互联网条件下,数控系统必须要成为一个能产生数据的透明的智能终端,让制造过程及其全生命周期"数据透明"。通过智能终端的"透明",实现制造过程的透明,不仅方便加工零件,而且产生服务于管理、财务、生产、销售的实时数据,实现设备、生产计划、设计、制造、供应链、人力、财务、销售及库存等一系列生产和管理环节的资源整合与信息互联。

沈阳机床集团围绕 i5 智能机床在世界上领先建立起了机床生态系统。如图 11.3 所示为 i5 智能机床的数据产生及应用示意图。通过"透明"的 i5 智能系统,i5 智能机床可实时在线,为上述管理过程提供精准的数据依据,成为新制造业态的基础。

iSESOL(i-Smart Engineering & Services Online)是沈阳机床旗下的公司研发的云制造平台。例如,云端产能分享平台,用户可将闲置产能公示于 iSESOL 产能平台,有产能需求的用户无须购买设备即可快速获得制造能力。通过这种方式,产能提供方可利用闲置产能获得收益,产能需求方可以以较低的成本获得制造能力,双方通过分享获得利益最大化。无疑,这种模式将会成为制造业互联网的一个重要形式。

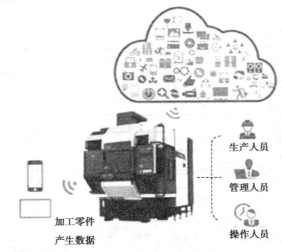

图 11.3　i5 智能机床的数据产生及应用示意图

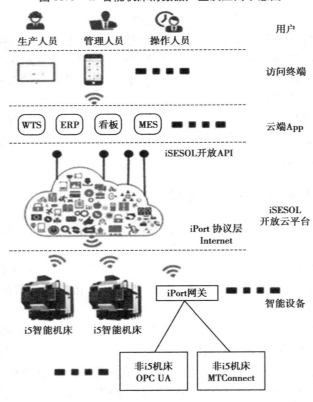

图 11.4　基于 iSESOL 平台的智能机床互联网应用框架

如图 11.4 所示为基于 iSESOL 平台的智能机床互联网应用框架。所有的 i5 智能设备通过 iPort 协议接入 iSESOL 网络,非 i5 的设备(如 OPC UA 终端或 MTConnect 终端)可通过 iPort 网关接入 iSESOL 网络。类似 ERP、MES、远程看板等云端的 App 应用通过 iSE-SOL 聚合的实时数据和访问接口实现对远程设备的统一访问。iSESOL 提供针对不同设备的数据字典映射统一不同设备的访问方式,云端 App 只需通过标准的服务或参数命名,即可订阅各类事件和数据信息,实现统一的设备访问。最终用户可通过不同的终端安装 App,实现对设备的各类互联网应用。在这个平台下建立的产能协同生态系统,目前已接入机床几千台,目前日常联机接入 2 500 台左右。

四、结论和展望

机床数控系统的智能化与网络化是大势所趋。基于 CPS 的理念,引导智能数控系统发展,通过网络、平台从整个系统的视角实现数控车床的智能化。

智能化的发展是一个循序渐进的过程。目前,对智能化还有不同的理解,也没有普遍适用的解决方案。数控车床商业模式的创新和真正落地运营就一定依赖于数控系统的智能化与网络化。未来的数控系统将会越来越多地将互联网的影响渗透制造环节,通过数据的累积、传输和挖掘,将会诞生越来越多的智能化制造能力,透明和分享化将会为制造业带来翻天覆地的变革。

知识三　如何实现制造环节智能化

互联网技术的普及使企业与个体客户间的即时交流成为现实,促使制造业实现从需求端到研发端、服务端的拉动式生产,以及从“生产型”向“服务型”模式转变。因此,企业领先于竞争对手完成数字化、网络化与智能化的转型升级,实现大规模定制化生产来满足个性化需求并提供智能服务,方能在瞬息万变的市场上立于不败之地。

看得见的是个性化定制和智能服务,看不见的是生产制造各环节的数字化、网络化与智能化。实现智能制造,网络化是基础,数字化是工具,智能化则是目标。

网络化是指使用相同或不同的网络将工厂/车间中的各种计算机管理软件、智能装备连接起来,以实现设备与设备之间、设备与人之间的信息互通和良好交互。将生产现场的智能装备连接起来的网络,称为工业控制网络。它包括现场总线(如 PROFIBUS,CC-Link,Modbus 等)和工业以太网。对控制要求不高的应用,还可使用移动网络(如 2G,3G,4G,5G)。

数字化是指借助于各种计算机工具,在虚拟环境中对产品物体特征、生产工艺甚至工厂布局进行辅助设计和仿真验证。例如,使用 CAD(计算机辅助设计)进行产品二维、三维设计,并生成数控程序 G 代码;使用 CAE(计算机辅助工程)对工程和产品进行性能与安全可靠性分析与验证;使用 CAPP(计算机辅助工艺设计)通过数值计算、逻辑判断和推理等功能来制订和仿真零部件机械加工工艺过程;使用 CAM(计算机辅助制造)进行生产设备管理控制和操作过程；使用 CAT（计算机辅助测试）实现集成试验台与各种试验参数的仿真与测试等。

智能化可分为两个阶段：当前阶段是面向定制化设计，支持多品种小批量生产模式，通过使用智能化的生产管理系统与智能装备，实现产品全生命周期的智能管理，未来愿景则是实现状态自感知、实时分析、自主决策、自我配置、精准执行的自组织生产。这就要求首先实现生产数据的透明化管理，各个制造环节产生的数据能够被实时监测和分析，从而做出智能决策，并且智能化系统要能接受企业最高领导层的决策。

数字化、网络化、智能化是保证智能制造实现"两提升、三降低"经济目标的有效手段。数字化确保产品从设计到制造的一致性，并且在制样前对产品的结构、功能、性能乃至生产工艺都进行仿真验证，极大地节约开发成本和缩短开发周期。网络化通过信息横纵向集成实现研究、设计、生产和销售各种资源的动态配置以及产品全程跟踪检测，实现个性化定制与柔性生产的同时提高了产品质量。智能化将人工智能融入设计、感知、决策、执行、服务等产品全生命周期，提高了生产效率和产品核心竞争力。

知识四　如何实现网络互联互通

智能制造的首要任务是信息的处理与优化，工厂/车间内各种网络的互联互通则是基础与前提。没有互联互通和数据采集与交互，工业云、工业大数据都将成为无源之水。智能工厂/数字化车间中的生产管理系统（IT 系统）和智能装备（自动化系统）互联互通形成了企业的综合网络。按照所执行功能的不同，企业综合网络可分为不同的层次，如图 11.5 所示。

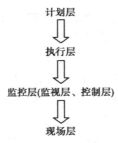

图 11.5　企业综合网络的不同层次

知识五　我国制造业现状和首要任务

我国制造业现状是"2.0 补课，3.0 普及，4.0 示范"。其中，工业 2.0、工业 3.0、工业

4.0 对应的含义如下：

一、工业 2.0 实现"电气化、半自动化"

使用电气化和机械化制造装备，但各生产环节和制造装备都是"信息孤岛"，生产管理系统与自动化系统信息不贯通，甚至企业尚未使用 ERP 或 MES 系统进行生产信息化管理。我国也有许多中小企业都处于此阶段。

二、工业 3.0 实现"高度自动化、数字化、网络化"

使用网络化的生产制造装备，制造装备具有一定智能功能（如标识与维护、诊断与报警等），采用 ERP 和 MES 系统进行生产信息化管理，初步实现了企业内部的横向集成与纵向集成。

三、工业 4.0 实现"数字化、网络化、智能化"

适应多品种、小批量生产需求，实现个性化定制和柔性化生产，使用高档数控机床、工业机器人、智能测控装置、3D 打印机、智能仓库及智能物流等智能装备，借助各种计算机辅助工具实现虚拟生产，利用互联网、云计算、大数据，实现价值链企业协同生产、产品远程维护智能服务等。

我国实现智能制造必须实现工业 2.0、工业 3.0、工业 4.0 并行发展，既要在改造传统制造方面"补课"，又要在绿色制造、智能升级方面"加课"。对于制造企业而言，应着手完成传统生产装备网络化和智能化的升级改造，以及生产制造工艺数字化和生产过程信息化的升级改造。对装备供应商和系统集成商，应加快实现安全可控的智能装备与工业软件的开发和应用，以及提供智能制造顶层设计与全系统集成服务。

必须牢记，企业不是为了"智能制造"而智能制造，应以智能、协同、绿色、安全发展为突破口，本着长远规划、逐步实施、重点突破的原则，对整个制造业进行逐步升级改造。

【思考与练习】

简答题

1. 什么是高速加工技术？高速加工的优点有哪些？
2. 简述高速切削机床与普通数控机床的区别。
3. 广义制造自动化的含义是什么？制造自动化的发展共分为哪几个阶段？
4. 简述先进制造技术的概念、分类及特点。

项目十二　CAXA 数控车自动编程软件

【相关知识】

知识一　CAXA CAM 数控车 2016 版本说明

版本:2016r1。
日期:2016/04/11。

一、概要说明

本软件由数码大方开发,包含 CAXA CAM 数控车 2016 安装程序,以及数码大方公司与产品介绍等内容。

二、运行环境

操作系统:支持 Microsoft Windows XP/Windows 7。
基本配置:1 G 内存,1.6 GHz 以上 CPU,128 M 独立显卡。
推荐配置:2 G 以上内存,2.8 GHz 以上 CPU,256 M 以上独立显卡。

三、系统安装

在安装本软件前,应退出所有其他正在运行的 Windows 应用程序。

本软件以光盘介质发布,安装时将本软件光盘放入光盘驱动器,待其自动运行或直接运行光盘上的 Autorun. exe 文件。安装画面启动后,根据画面提示进行软件安装。

安装完软件后,再插加密锁。软件启动时,如果没有检测到加密锁,则进入试用模式(30 天试用期)。

四、系统运行

本软件采用加密锁加密。软件运行前,应将加密锁插入计算机 USB 口上。安装完毕,即可通过桌面或程序组的快捷方式来运行本软件。

1. CAXA 数控车 2016 更新记录

版本:2016r1(2016/04/11)。

①添加异形螺纹加工功能,支持多段曲线或样条曲线定义螺纹齿形轮廓。

②通信功能更新,并添加 Fanuc,Siemens828 等网口通信。

③更改反读 Siemens 错误的问题。

2. CAXA 数控车 2013r1 更新记录

版本:2013r1(2012/11/02)。

①轮廓粗车、精车添加径向余量与轴向余量。

②通信功能更新,并添加 Siemens828 通信。

3. CAXA 数控车 2011r2 更新记录

版本:2011r2(2011/06/07)。

①添加了等截面粗加工。

②添加了等截面精加工。

③添加了径向 G01 钻孔。

④添加了端面 G01 钻孔。

⑤添加了埋入式键槽加工。

⑥添加了开放式键槽加工。

⑦添加了与考试系统集成功能。

⑧更新了后置配置。

4. CAXA 数控车 2011r1 更新记录

版本:2011r1(2011/01/13)。

①添加了轨迹管理器。

②更新了标准通信,添加了广州数控 980TD 通信。

③更新了机床后置配置。

CAXA 数控车是在全新的数控加工平台上开发的数控车床加工编程和二维图形设计软件。CAXA 数控车具有 CAD 软件强大的绘图功能和完善的外部数据接口,可绘制任意复杂的图形,可通过 DXF,IGES 等数据接口与其他系统交换数据。CAXA 数控车具有轨迹生成及通用后置处理功能。该软件提供了功能强大、使用简洁的轨迹生成手段,可按加工要求生成各种复杂图形的加工轨迹。通用的后置处理模块 CAXA 数控车可满足各种机床的代码格式,可输出 G 代码,并对生成的代码进行校验及加工仿真。

CAXA 是为制造业提供"产品创新和协同管理"解决方案的供应商,旨在帮助制造企业对市场做出快速的反应,提升制造企业的市场竞争力,为制造企业相关部门提供从产品订单到制造交货直至产品维护的信息化解决方案,包括设计、工艺、制造及管理等。CAXA 经过多年来的不懈努力,推出的多款 CAXA 软件功能强大、易学易用、工艺性好、代码质量高,现已被全国上千家企业使用,并受到好评,不但降低了投入成本,而且提高了经济效益。目前,CAXA 的软件产品正在一个更高的起点上腾飞。

知识二　CAXA 数控车 2016 系统

一、系统特点

CAXA 数控车具有 CAD 软件强大的绘图功能和完善的外部数据接口,可绘制任意复杂的图形,可通过 DXF,IGES 等数据接口与其他系统交换数据。

1. 加工轨迹

使用简洁的轨迹生成手段,可按加工要求生成各种复杂图形的加工轨迹。

2. 通用后置

通用的后置处理模块使 CAXA 数控车可满足各种机床的代码格式,可输出 G 代码,并可对生成的代码进行校验及加工仿真。

3. 刀具

可定义、确定刀具的有关数据,以便用户从刀具库中获取刀具信息,并对刀具库进行维护;刀具库定义支持车加工中心。

4. 代码反读

代码反读功能可随时查看编程输出后的代码图形。

5. 轨迹仿真

对已有的加工轨迹进行加工过程模拟,以检查加工轨迹的正确性。

6. 数据接口

DXF,IGES 数据接口通行无阻,可接收其他软件的数据。

7. 参数修改

对生成的轨迹不满意时,可用参数修改功能对轨迹的各种参数进行修改,以生成新的加工轨迹。

二、功能介绍

1. 图形编辑功能

CAXA 数控车中优秀的图形编辑功能,其操作速度是手工编程无可比拟的。该功能将曲线分为点、直线、圆弧、样条及组合曲线等类型,提供拉伸、删除、裁剪、曲线过渡、曲线打断及曲线组合等操作,提供多种变换方式,如平移、旋转、镜像、阵列及缩放等操作。工作坐标系可任意定义,并在多坐标系间随意切换。图层、颜色和拾取过滤工具应有尽有,系统完善。

2. 通用后置

开放的后置设置功能,用户可根据企业的机床自定义后置,允许根据特种机床自定义代码,自动生成符合特种机床的代码文件,用于加工。支持小内存机床系统加工大程序,自动将大程序分段输出功能。可根据数控系统要求是否输出行号,行号是否自动填满。编程方式可选择增量或绝对方式编程。坐标输出格式可定义到小数及整数位数。圆弧输出方式可用 I,J,K 或 R 方式,各自的含义设定。

3. 基本加工功能

1) 轮廓粗车

该功能能用于实现对工件外轮廓表面、内轮廓表面和端面的粗车加工,用来快速清除毛坯的多余部分。

2) 轮廓精车

该功能可实现对工件外轮廓表面、内轮廓表面和端面的精车加工。

3) 切槽

该功能能用于在工件外轮廓表面、内轮廓表面和端面切槽。

4) 钻中心孔

该功能能用于在工件的旋转中心钻中心孔。

4. 高级加工功能

高级加工功能包括内外轮廓及端面的粗精车削;样条曲线的车削;自定义公式曲线车削;加工轨迹自动干涉排除功能,避免人为因素的判断失误。支持不具有循环指令的老机床编程,解决这类机床手工编程的烦琐工作。

5. 车螺纹

该功能为非固定循环方式时对螺纹的加工,可对螺纹加工中的各种工艺条件、加工方式进行灵活的控制;螺纹的起始点坐标和终止点坐标通过用户的拾取自动计入加工参数中,不需要重新输入,减少出错环节。螺纹节距可选择恒定节距或变节距。螺纹加工方式可选择粗加工、粗 + 精一起加工两种方式。

【思考与练习】

简答题

1. 什么是干涉后角?
2. 如何生成代码?

附　录

附录一　综合零件编程与加工实例（技能提升练习）

综合实例一　锥角、圆头、螺纹轴

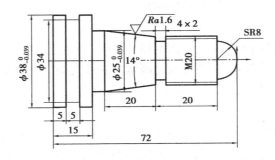

综合实例二　1:5锥度、螺纹轴

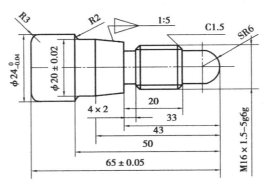

提示：先加工左端 $\phi20$ 和圆弧结构，再调头装夹直径 $\phi20$ 加工右端。

综合实例三　螺纹轴

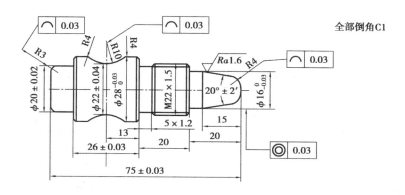

综合实例四　典型轴、套合体零件

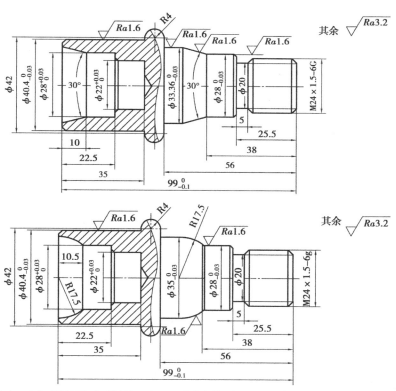

提示：先加工左端的孔和外圆，以 R4 凸圆分界，只要总长尺寸合格，R4 两端会合并完整。

综合实例五　简单内外螺纹配合台阶轴

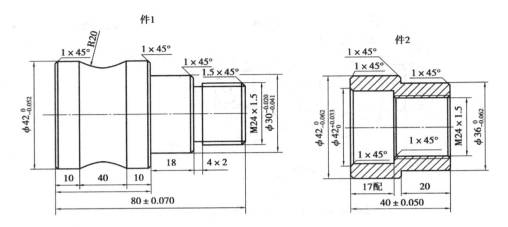

提示:件1凹圆结构要用尖刀车削,要两件配合,严格按尺寸公差车削;件2光孔 $D_孔 = d - p$。

综合实例六　锥度角、圆球、螺纹轴

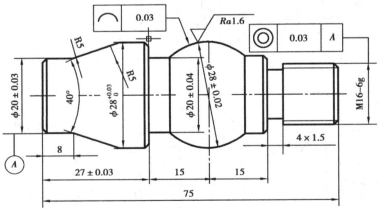

提示:凸圆结构要用尖刀车削,M16 的螺距未标注,表示为粗牙,查表螺距 $P = 2$。

综合实例七　有凹凸圆弧的内外螺纹轴

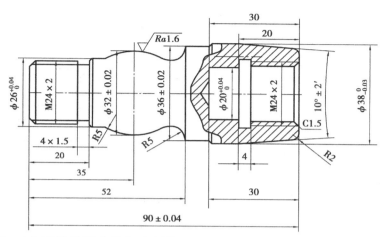

提示:先加工右端的外圆和孔与内螺纹,R2 适用 G01 直线后倒圆弧,难点是先计算出小端直径。

综合实例八　有盲孔内锥、圆头螺纹轴

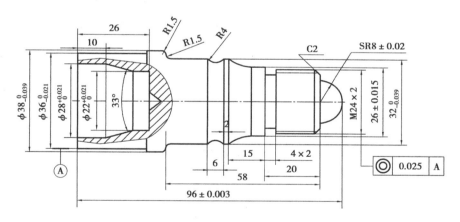

综合实例九　抛物线螺纹轴、套

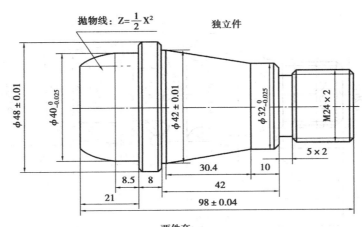

抛物线：$Z=\frac{1}{2}X^2$　　独立件

两件套

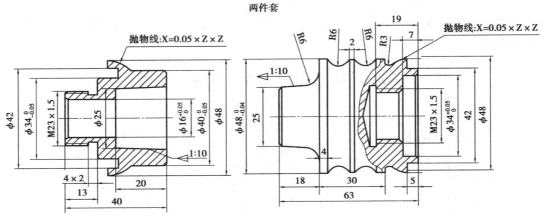

抛物线：$X=0.05\times Z\times Z$　　抛物线：$X=0.05\times Z\times Z$

综合实例十　螺纹、圆弧双面配合零件

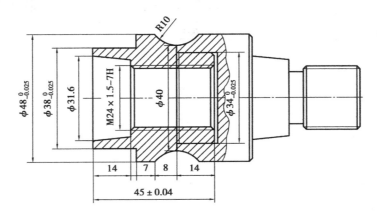

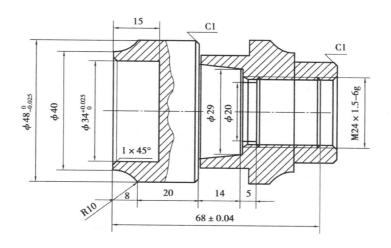

附录二　技能实操实例（技能拓展练习）

实例一

组合

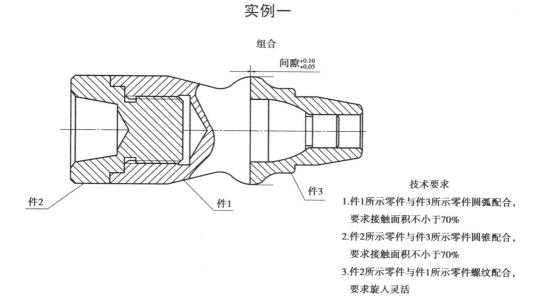

技术要求

1. 件1所示零件与件3所示零件圆弧配合，
   要求接触面积不小于70%

2. 件2所示零件与件3所示零件圆锥配合，
   要求接触面积不小于70%

3. 件2所示零件与件1所示零件螺纹配合，
   要求旋入灵活

件1

椭圆：长半轴24，短半轴15

其余 $\sqrt{Ra3.2}$

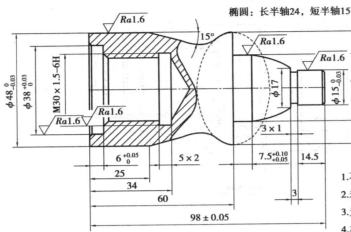

技术要求

1.不准用砂布及锉刀等修饰表面(可清理毛刺)

2.未注倒角C1，锐角倒钝C0.2

3.为注尺寸公差按GB/T 1804-m确定

4.右端面允许钻中心孔

件2

其余 $\sqrt{Ra3.2}$

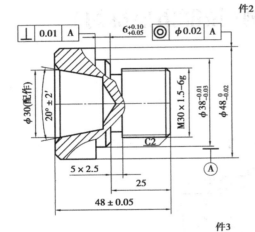

技术要求

1.不准用砂布及锉刀等修饰表面(可清理毛刺)

2.未注倒角C1，锐角倒钝C0.2

3.为注尺寸公差按GB/T 1804-m确定

4.右端面允许钻中心孔

件3

椭圆：长半轴24，短半轴15

其余 $\sqrt{Ra3.2}$

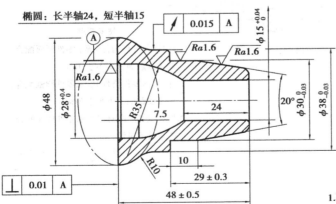

技术要求

1.不准用砂布及锉刀等修饰表面(可清理毛刺)

2.未注倒角C1，锐角倒钝C0.2

3.未注尺寸公差按GB/T 1804-m确定

4.右端面允许钻中心孔

实例二

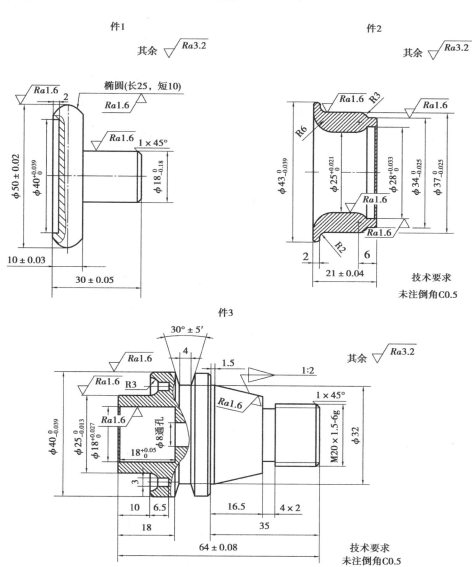

件1

件2

件3

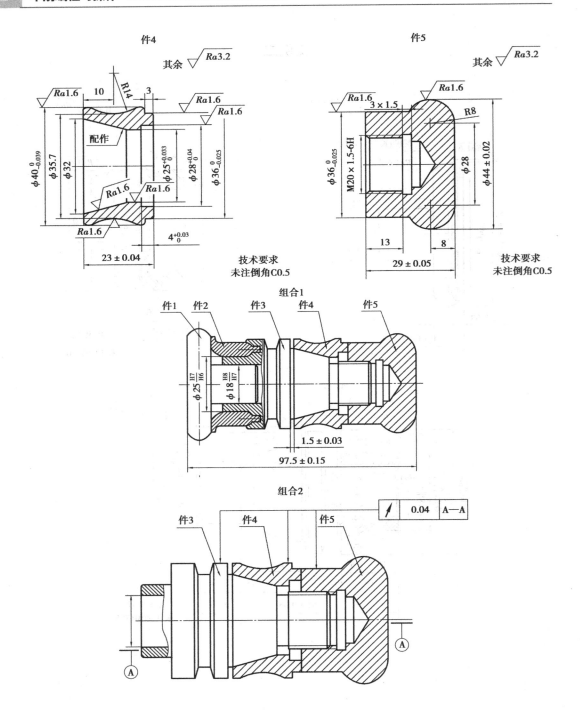

评分表

序号	考核项目	检测工具	配分	评分标准	记录	得分
件1	$\phi 40^{+0.039}_{0}$	游标卡尺	2	每超差 0.01 扣 1 分		
	$\phi 18^{0}_{-0.018}$	千分尺	3	每超差 0.01 扣 2 分		
	$\phi 50 \pm 0.02$	千分尺	2	每超差 0.01 扣 1 分		
	10 ± 0.03	游标卡尺	1	不合格不得分		
	30 ± 0.05	游标卡尺	1	不合格不得分		
	椭圆	样板	2	不合格不得分		
	$Ra1.6$	目测	2	1 处不合格扣 1 分		
	$Ra3.2, C1$	目测	1.5	1 处不合格扣 0.5 分		
件2	$\phi 43^{0}_{-0.039}$	千分尺	2	每超差 0.01 扣 1 分		
	$\phi 37^{0}_{-0.025}$	千分尺	2	每超差 0.01 扣 2 分		
	$\phi 34^{0}_{-0.025}$	千分尺	2	每超差 0.01 扣 1 分		
	$\phi 28^{+0.033}_{0}$	千分尺	2	每超差 0.01 扣 1 分		
	$\phi 25^{+0.021}_{0}$	千分尺	4	每超差 0.01 扣 2 分		
	21 ± 0.04	游标卡尺	1	不合格不得分		
	R3	样板	2	不合格不得分		
	R6, R2	R 规	1	1 处不合格扣 0.5 分		
	$Ra1.6$	目测	3	1 处不合格扣 1 分		
	$Ra3.2,$ 倒角	目测	1.5	1 处不合格扣 0.5 分		
件3	$\phi 40^{0}_{-0.039}$	千分尺	2	每超差 0.01 扣 1 分		
	$\phi 25^{0}_{-0.013}$	千分尺	4	每超差 0.01 扣 2 分		
	$\phi 18^{+0.027}_{0}$	千分尺	2	每超差 0.01 扣 1 分		
	$18^{+0.05}_{0}$	深度游标卡尺	2	不合格不得		
	64 ± 0.08	游标卡尺	1	不合格不得分		
	$30° \pm 5'$	万能角度尺	1	不合格不得分		
	R3	样板	2	不合格不得分		
	$M20 \times 1.5\text{-}6g$	螺纹环规	2	不合格不得分		
	$Ra1.6$	目测	3	1 处不合格扣 0.5 分		
	$Ra3.2,$ 倒角	目测	1.5	1 处不合格扣 0.5 分		

续表

序号	考核项目	检测工具	配分	评分标准	记录	得分
件4	$\phi 40 \, _{-0.039}^{0}$	千分尺	2	每超差 0.01 扣 1 分		
	$\phi 36 \, _{-0.025}^{0}$	千分尺	2	每超差 0.01 扣 1 分		
	$\phi 28 \, _{0}^{+0.04}$	千分尺	2	每超差 0.01 扣 1 分		
	$\phi 25 \, _{0}^{+0.033}$	千分尺	2	每超差 0.01 扣 1 分		
	$4 \, _{0}^{+0.03}$	深度游标卡尺	2	不合格不得分		
	23 ± 0.04	游标卡尺	1	不合格不得分		
	R14	R 规	1	不合格不得分		
	$Ra1.6$	目测	3	1 处不合格扣 1 分		
	$Ra3.2$,倒角	目测	1.5	1 处不合格扣 0.5 分		
件5	$\phi 36 \, _{-0.025}^{0}$	千分尺	2	每超差 0.01 扣 1 分		
	$\phi 44 \pm 0.02$	千分尺	2	每超差 0.01 扣 1 分		
	29 ± 0.05	游标卡尺	1	不合格不得分		
	$M20 \times 1.5\text{-}6H$	螺纹塞规	2	不合格不得分		
	R8	R 规	1	不合格不得分		
	3×1.5	目测	1	不合格不得分		
	$Ra1.6$	目测	2	1 处不合格扣 1 分		
	$Ra3.2$,倒角	目测	1	1 处不合格扣 0.5 分		
配合	件 3 对件 4 锥度部分涂色检测,接触面积大于 70%	红丹	2	不合格不得分		
	件 3 与件 4 间隙	塞尺	3	每超差 0.01 扣 1 分		
	组合总长	游标卡尺	3	不合格不得分		
	件 3、件 4、件 5	百分表	4	不合格不得分		
其他	安全文明生产		4	现场记录		
备注	1. 考试时间:270 min 2. 有重大缺陷扣 20 分(如主体结构未完成、有严重打刀痕迹等),零件细小结构未完成扣 10 分(如未加工螺纹、端面槽未加工等)					

实例三

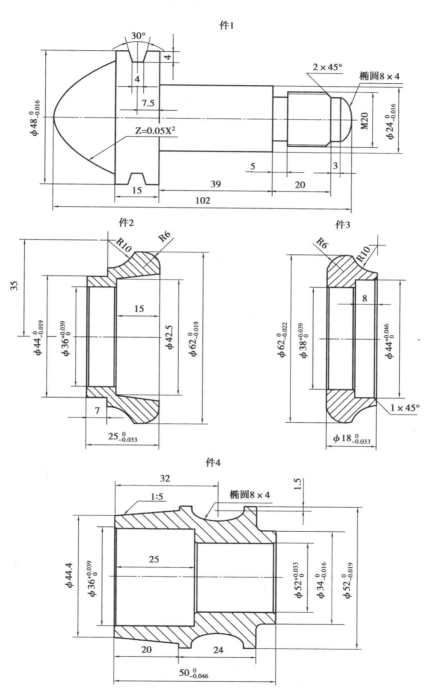

件1

件2

件3

件4

件5

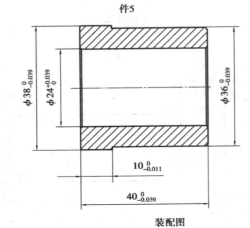

装配图

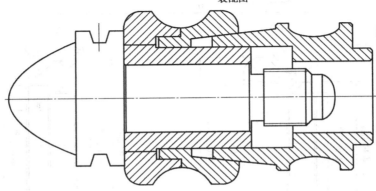

实例四

装配图

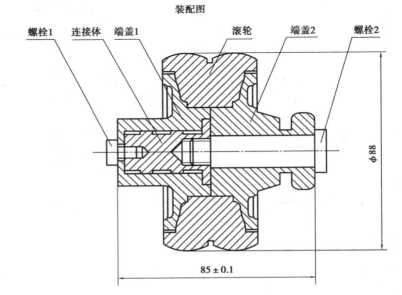

端盖1

其余 $\sqrt{Ra1.6}$

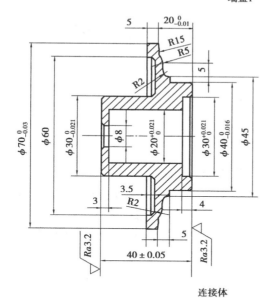

技术要求
1.材料45钢
2.未注倒角C1
3.不准用砂布、油石等打磨工件

连接体

其余 $\sqrt{Ra3.2}$

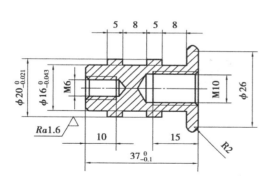

技术要求
1.材料45钢
2.未注倒角1×45°
3.不准用砂布、油石等打磨工件

滚轮

$\sqrt{Ra1.6}$

椭圆：长半轴10，短半轴4

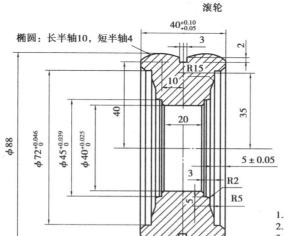

技术要求
1.材料45钢
2.未注倒角C2
3.不准用砂布、油石等打磨工件

端盖2

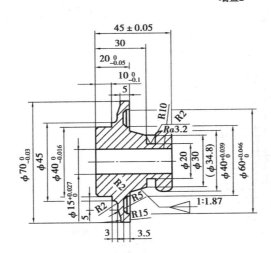

其余 $\sqrt{Ra1.6}$

技术要求
1.材料45钢
2.未注倒角C2
3.不准用砂布、油石等打磨工件

螺栓1

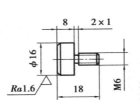

其余 $\sqrt{Ra3.2}$

技术要求
1.材料45钢
2.未注倒角C1
3.不准用砂布、油石等打磨工件

螺栓2

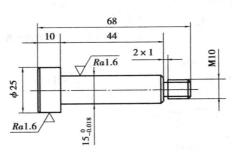

其余 $\sqrt{Ra3.2}$

技术要求
1.材料45钢
2.未注倒角C1
3.不准用砂布、油石等打磨工件

评分标准

一、竞赛总分和时间

竞赛总分 100 分,时间 210 min。

二、竞赛评分表

1. 总成绩表

序号	项目名称	配分	得分
1	安全文明生产	5	
2	零件加工	86	
3	零件装配	9	
合　计		100	

2. 安全文明生产评分表

序号	项目	考核内容	配分	考场表现	得分
1		工具的正确使用	1		
2		量具的正确使用	1		
3		刀具的合理使用	1		
4		设备正确操作和维护保养	2		
合　计			5		

3. 零件加工评分表

零件	考核内容	配分	评分标准	检测结果	得分
端盖 1	$\phi 30_{-0.021}^{0}$	2	超差 0.01 扣 1 分		
	$\phi 20_{0}^{+0.021}$	2	超差 0.01 扣 1 分		
	$\phi 70_{-0.03}^{0}$	1	超差 0.01 扣 0.5 分		
	$\phi 40_{-0.016}^{0}$	2	超差 0.01 扣 1 分		
	$\phi 30_{0}^{+0.021}$	2	超差 0.01 扣 1 分		
	$\phi 60$	0.5	不合格不得分		

续表

零件	考核内容	配分	评分标准	检测结果	得分
端盖 1	$\phi 8$	0.5	不合格不得分		
	40 ± 0.05	1	超差 0.01 扣 0.5 分		
	$20_{-0.10}^{\ 0}$	1	不合格不得分		
	R15,R5,R2	1	不合格不得分		
	R2 及倒角	1	不合格不得分		
	$Ra1.6,Ra3.2$	2	酌情扣分		
连接体	$\phi 20_{-0.021}^{\ 0}$	2	超差 0.01 扣 0.5 分		
	$\phi 16_{-0.043}^{\ 0}$	2	超差 0.01 扣 0.5 分		
	$37_{-0.1}^{\ 0}$	1.5	超差 0.01 扣 0.5 分		
	M10	2	不合格不得分		
	M6	2	不合格不得分		
	5	1	不合格不得分		
	8	1	不合格不得分		
	R2	2	不合格不得分		
	倒角	0.5	不合格不得分		
	$Ra1.6,Ra3.2$	2	酌情扣分		
滚轮	$\phi 72_{0}^{+0.046}$	2	超差 0.01 扣 0.5 分		
	$\phi 45_{0}^{+0.039}$	2	超差 0.01 扣 0.5 分		
	$\phi 40_{0}^{+0.025}$	3	超差 0.01 扣 1 分		
	$\phi 88$	1	不合格不得分		
	$40_{+0.05}^{+0.10}$	1	超差 0.01 扣 0.5 分		
	5 ± 0.05	1	超差 0.01 扣 0.5 分		
	R15,R5,R2 及倒角	1	不合格不得分		
	槽 3×2	1	不合格不得分		
	椭圆	3	不合格不得分		
	$Ra1.6$	2	酌情扣分		
端盖 2	$\phi 40_{-0.016}^{\ 0}$	2	超差 0.01 扣 1 分		
	$\phi 15_{0}^{+0.027}$	2	超差 0.01 扣 1		
	$\phi 20$	1	不合格不得分		
	$\phi 40_{0}^{+0.039}$	2	超差 0.01 扣 1 分		

续表

零件	考核内容	配分	评分标准	检测结果	得分
端盖2	$\phi 60^{+0.0496}_{0}$	2	超差 0.01 扣 1 分		
	$\phi 70^{0}_{-0.03}$	2	超差 0.01 扣 1 分		
	45 ± 0.05	1	不合格不得分		
	$20^{0}_{-0.05}$	1	不合格不得分		
	$10^{0}_{-0.1}$	1	不合格不得分		
	5	1	不合格不得分		
	R15,R5,R2	1	不合格不得分		
	R2 及倒角	1	不合格不得分		
	$Ra1.6,Ra3.2$	2	酌情扣分		
	锥度 1:1.87	1	不合格不得分		
螺栓1	$\phi 16$	1	不合格不得分		
	M6	2	不合格不得分		
	2×1	1	不合格不得分		
	倒角及 8	1	不合格不得分		
	$Ra1.6,Ra3.2$	1	酌情扣分		
螺栓2	$\phi 25$	1	不合格不得分		
	$\phi 15^{0}_{-0.018}$	2	超差 0.01 扣 1 分		
	M10	2	不合格不得分		
	2×1	1	不合格不得分		
	68	1	不合格不得分		
	倒角及 10	1	不合格不得分		
	$Ra1.6,Ra3.2$	2	酌情扣分		
合　计		85			

4. 零件装配评分表

项目	考核内容	配分	评分标准	检测结果	得分
零件装配	零件照图装配正确	8	不能正确、完整装配不得分		
	$\phi 85 \pm 0.10$	2	超差 0.01 扣 0.5 分		
合　计		10			

实例五

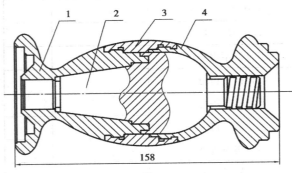

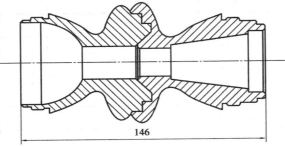

技术要求

1.件1与件3外形光滑过渡，0.04 mm塞尺不入

2.件4与件3外形光滑过渡，0.04 mm塞尺不入

3.件1与件2锥度配合接触面不小于70%

4.件4与件2圆弧配合接触面不小于70%

5.件1与件4锥度配合接触面不小于70%

序号	名　称	数量	材料	备注
4	右端盖	1	45#	
3	联接套	1	45#	
2	芯轴	1	45#	
1	左端盖	1	45#	

左端盖

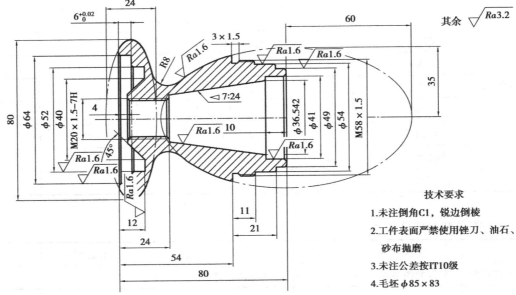

技术要求

1.未注倒角C1，锐边倒棱

2.工件表面严禁使用锉刀、油石、砂布抛磨

3.未注公差按IT10级

4.毛坯φ85×83

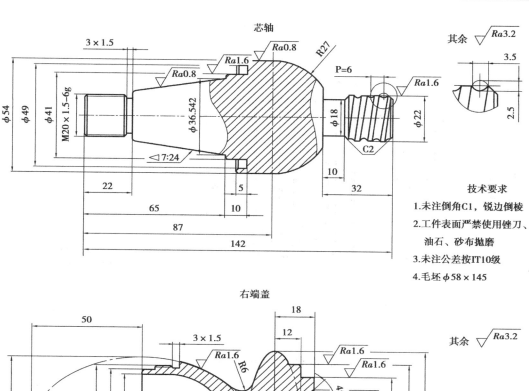

芯轴

其余 √Ra3.2

技术要求
1.未注倒角C1，锐边倒棱
2.工件表面严禁使用锉刀、
　油石、砂布抛磨
3.未注公差按IT10级
4.毛坯 φ58×145

右端盖

其余 √Ra3.2

技术要求
1.未注倒角C1，锐边倒棱
2.工件表面严禁使用锉刀、
　油石、砂布抛磨
3.未注公差按IT10级
4.毛坯 φ80×83

151

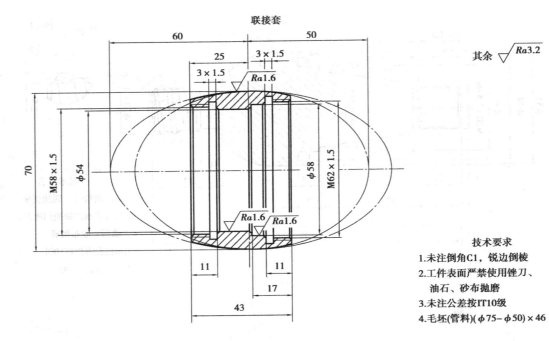

联接套

其余 $\sqrt{Ra3.2}$

技术要求
1. 未注倒角C1，锐边倒棱
2. 工件表面严禁使用锉刀、油石、砂布抛磨
3. 未注公差按IT10级
4. 毛坯(管料)(ϕ75−ϕ50)×46

附表直径编程注意条件

项 目	注意事项
Z 轴指令	与直径、半径无关
X 轴指令	用直径值指令
坐标系的设定	用直径值指令
圆弧插补的半径指令（R, I, K）	用半径值指令
X 轴方向的进给速度	半径的变化/转半径的变化/分
X 轴的位置显示	用直径值显示